Forschungsreihe der FH Münster

Die Fachhochschule Münster zeichnet jährlich hervorragende Abschlussarbeiten aus allen Fachbereichen der Hochschule aus. Unter dem Dach der vier Säulen Ingenieurwesen, Soziales, Gestaltung und Wirtschaft bietet die Fachhochschule Münster eine enorme Breite an fachspezifischen Arbeitsgebieten. Die in der Reihe publizierten Masterarbeiten bilden dabei die umfassende, thematische Vielfalt sowie die Expertise der Nachwuchswissenschaftler dieses Hochschulstandortes ab.

Flemming Albers

Machine Learning-gestützte Abflussvorhersagen in Abwassernetzen

Springer Spektrum

Flemming Albers 🆔
Bauingenieurwesen
FH Münster
Münster, Deutschland

ISSN 2570-3307   ISSN 2570-3315   (electronic)
Forschungsreihe der FH Münster
ISBN 978-3-658-51213-2   ISBN 978-3-658-51214-9   (eBook)
https://doi.org/10.1007/978-3-658-51214-9

Die Deutsche Nationalbibliothek verzeichnet diese Publikation in der Deutschen Nationalbibliografie; detaillierte bibliografische Daten sind im Internet über https://portal.dnb.de abrufbar.

Planung/Lektorat: Karina Kowatsch
Springer Spektrum ist ein Imprint der eingetragenen Gesellschaft Springer Fachmedien Wiesbaden GmbH und ist ein Teil von Springer Nature.
Die Anschrift der Gesellschaft ist: Abraham-Lincoln-Str. 46, 65189 Wiesbaden, Germany

Danksagung An dieser Stelle möchte ich mich herzlich bei allen bedanken, die zum Gelingen dieser Masterarbeit beigetragen haben.

An erster Stelle möchte ich mich bei Prof. Malte Henrichs für die hervorragende Betreuung meiner Masterarbeit und seine Offenheit gegenüber meinen Ideen und Einschätzungen bedanken. Sein Vertrauen und seine Unterstützung waren entscheidend für den Fortschritt und Erfolg dieser Arbeit.

Mein besonderer Dank gilt auch meiner Zweitbetreuerin Birgitta Hörnschemeyer für ihre gewissenhafte Hilfe und Betreuung zu jeder erdenklichen Zeit. Ihre wertvollen Ratschläge zu sämtlichen Belangen haben mir sehr geholfen.

Ein großes Dankeschön an Benjamin Burrichter für das aufschlussreiche Gespräch, welches mir einen leichten Einstieg in das Thema ermöglichte und mich vor dem einen oder anderen Stolperstein bewahrt hat.

Außerdem danke ich Matthias Schäber, Jan Pütz und Jonas Kleckers für die Korrektur meiner Arbeit. Ihre gründliche Überprüfung und wertvollen Anmerkungen haben meiner Arbeit den nötigen Feinschliff verliehen.

Mein Dank gilt auch Prof. Auel für den zur Verfügung gestellten Arbeitsplatz an der FH Münster.

Ebenfalls danke ich meiner Familie, die mich sowohl gedanklich als auch finanziell stets tatkräftig unterstützt hat. Ohne ihre Unterstützung wäre diese Arbeit nicht möglich gewesen.

Und natürlich möchte ich mich bei allen Mitarbeitern im „Wasserflur" der FH Münster bedanken. Die gemeinsamen Mittagspausen und die gute Arbeitsatmosphäre haben wesentlich zu meiner Motivation und meinem Wohlbefinden beigetragen.

Vielen Dank an alle!

Flemming Albers

Interessenkonflikt Der/die Autor*in hat keine relevanten Interessenskonflikte im Zusammenhang mit dieser Publikation.

Zusammenfassung

Der Klimawandel stellt die Wasserwirtschaft vor immense Herausforderungen, insbesondere durch Extremwetterereignisse, die weltweit Einfluss auf die Wasserressourcen nehmen. Um diese Herausforderungen zu bewältigen, werden Potenziale in der Nutzung von künstlicher Intelligenz und Machine Learning gesehen. Erfolge konnten bereits in verschiedenen wasserwirtschaftlichen Anwendungen nachgewiesen werden, weshalb Methoden des Machine Learning auch für Abflussvorhersagen in Kanalnetzen vielversprechend scheinen.

Die vorliegende Masterarbeit untersucht das Potenzial von Machine Learning zur Vorhersage von Abflüssen in urbanen Kanalnetzen. Mithilfe der Machine Learning-Plattform TensorFlow wurde ein Modell entwickelt, das auf Basis von simulierten Abflüssen trainiert wurde und aus Niederschlagsdaten Abflussvorhersagen generiert.

Die Untersuchungen ergaben, dass das entwickelte tiefe neuronale Netz, basierend auf dem LSTM-Algorithmus, eine durchschnittliche Maximalwertabweichung des Abflusses von 4,6 % erreichen konnte. Das Modell wies eine schnelle Berechnungszeit von 0,06 s pro Vorhersage auf, was es dreimal schneller als ein äquivalentes SWMM-Modell machte. Die Übertragung der Methodik auf ein anderes Kanalnetzsystem mit Regenklärbecken war ebenfalls erfolgreich, mit einer durchschnittlichen Maximalwertabweichung von 8,2 %.

Obgleich die Untersuchungen einen synthetischen Charakter aufweisen und eine Vergleichbarkeit mit hydrodynamischen Modellen nur begrenzt gegeben ist, konnten dennoch deutliche Tendenzen und Potenziale aufgezeigt werden. Die Ergebnisse demonstrieren die Machbarkeit und Effizienz von Machine Learning-gestützten Abflussvorhersagen und deren Beschleunigungspotenzial. Zudem war eine schnelle Übertragung auf ein anderes Kanalnetzsystem möglich, was die Anwendbarkeit der entwickelten Methodik unterstreicht.

Inhaltsverzeichnis

Symbol- und Abkürzungsverzeichnis

Δt (min)	Simulationsintervall
A (m^2)	Fläche
BK50	Bordenkarte 1:50 000
BMWK	Bundesministerium für Wirtschaft und Klimaschutz
CNN	Convulutional Neural etwork
Dstore_imperv (mm)	Muldenverluste befestigter Flächen
Dt (min)	Zeitunterschied
DWD	Deutscher Wetterdienst
DYMAX (%)	Maximalwertabweichung
EPA	Environmental Protection Agency
EZG	Einzugsgebiet
GIS	Geoinformationssystem
hN (mm)	Niederschlagshöhe
$h_{N,akk,t}$ (mm)	Akkumulierter Niederschlag je Zeitschritt
IKS	Fraunhofer-Institut für Kognitive Systeme
Imperv (%)	Versiegelungsgrad
iN (mm/h)	Niederschlagsintensität
$i_{N,t}$ (mm/h)	Niederschlagsintensität je Zeitschritt
K (-)	Anzahl der Kreuzvalidierungen
KI	Künstliche Intelligenz
KL (-)	Klassengröße
LASSO	Least Absolute Shrinkage and Selection Operator
LSTM	Long Short-Term Memory
MAE (-)	Mittlerer absoluter Fehler

MAE_{max} (-)	Mittlerer absoluter Fehler der Maximalwerte
MAPE (%)	Mittlerer absoluter prozentualer Fehler
$MAPE_{max}$ (-)	Mittlerer absoluter prozentualer Fehler der Maximalwerte
MaxRate (mm/h)	Maximale Infiltrationsrate
ML	Machine Learning
MSE (-)	Mittlerer quadratischer Fehler
N_imperv (-)	Mannings Rauheitsbeiwert der befestigten Flächenanteile
n_e (-)	Anzahl der Ereignisse
Percent Routed (%)	Anteil des abgeleiteten Abflusses zu Subflächen
Q (m^3/s)	Abfluss
R_i (m^3/s)	Residuum
RKB	Regenklärbecken
RMSE (-)	Wurzel des mittleren quadratischen Fehlers
$RMSE_{max}$ (-)	Wurzel des mittleren quadratischen Fehlers der Maximalwerte
RNN	Recurrent Neural Network
SWMM	Storm Water Management Model
T (-)	Zeitschritt
TEG	Teileinzugsgebiet
T_{ende} (min)	Endzeitpunkt der Simulation
T_{event} (min)	Ereignisdauer
$t_{event,ende}$ (-)	Letzter Zeitschritt eines Niederschlagsereignisses
TFT	Temporal Fusion Transformer
$t_{max,i}$ (-)	Zeitschritt des wahren Maximums
$\hat{t}_{max,i}$ (-)	Zeitschritt des vorhergesagten Maximums
T_{nach} (min)	Nachlaufzeit
TR_{grenz} (-)	Grenzwertmultiplikator
T_{start} (min)	Startzeitpunkt der Simulation
T_{vor} (min)	Vorlaufzeit
V (m^3)	Volumen
x_i (-)	Wert normalisiert
$x_{i,raw}$ (-)	Wert roh
$x_{max,raw}$ (-)	Maximalwert roh
$x_{min,raw}$ (-)	Minimalwert roh
$y_{e,t}$ (-)	Wahrheitswert von Ereignis e bei Zeitschritt t
y_{grenz} (-)	Grenzwert
y_i (-)	Wahrer Wert
$\hat{y}_i$ (-)	Vorhergesagter Wert

Abbildungsverzeichnis

Einleitung

1.1 Veranlassung

Der Klimawandel stellt eine der größten Herausforderungen unserer Zeit dar, insbesondere für die Wasserwirtschaft. Die globalen Klimaveränderungen führen zu einer signifikanten Zunahme von Extremwetterereignissen die die Verfügbarkeit und Qualität von Wasserressourcen weltweit beeinflussen (IPCC 2022).

Die Folge sind Überschwemmungen durch Starkregen oder auch lange Trockenperioden mit hohen Temperaturen. Dies birgt Risiken für die Bevölkerung und kann zu Einschränkungen in der Wassernutzung führen. Gemäß bdew et al. (2023) sind hierfür „effiziente Überflutungs- und Hochwasservorsorge, eine Intensivierung der natürlichen Gewässerentwicklung sowie ein wirkungsvolles Regenwassermanagement und die Anpassung städtebaulicher Planungen" erforderlich.

Im Zentrum der Betrachtung steht die wasserbewusste Entwicklung urbaner Räume, welche sämtliche Bereiche der Wasserwirtschaft umfasst. Einige der dafür genannten Ziele umfassen nach DWA (2021):

→ „eine gesicherte Versorgung mit Wasser hoher Qualität und ausreichender Menge"

→ „eine zuverlässige und den Ökosystemen förderliche Bewirtschaftung von Abwasser, die den Emissions- und Immissionskriterien des Gewässerschutzes entspricht"

→ „eine am natürlichen Wasserhaushalt orientierte Bewirtschaftung des Niederschlagswassers mit blau-grüner Infrastruktur und multifunktionaler Flächennutzung"

© Der/die Autor(en), exklusiv lizenziert an Springer Fachmedien Wiesbaden GmbH, ein Teil von Springer Nature 2026
F. Albers, *Machine Learning-gestützte Abflussvorhersagen in Abwassernetzen*, Forschungsreihe der FH Münster, https://doi.org/10.1007/978-3-658-51214-9_1

→ „einen effektiven Schutz und Vorsorge zur Begrenzung von Überflutungs- und
  Hochwasserrisiken"

Um diese Herausforderungen zu bewältigen, bieten Machine Learning (ML) und
künstliche Intelligenz (KI) vielversprechende Möglichkeiten. Diese Technologien
sollen neue Wege in der Optimierung hochkomplexer Planungsprozesse eröffnen sowie Effizienzsteigerungen im Betrieb und Datenmanagement ermöglichen
(DWA 2020).

Daten spielen mittlerweile eine entscheidende Rolle in der Wasserwirtschaft,
insbesondere durch den Einsatz von immer präziseren und kleineren Sensoren.
Die Datenvielfalt und -menge wachsen kontinuierlich, die Messnetze erweitern
sich und die Fernerkundung generiert enorme Datenmengen (Grossman et al.
2015). Um diese stetig wachsenden Datenmengen sinnvoll zu nutzen, kann ML
eingesetzt werden. Mithilfe von Algorithmen können dabei die Beziehungen und
Strukturen in Daten präzise erkannt und verwertet werden (Cerulli 2023), was
ML zu einem geeigneten Werkzeug macht.

Die wasserwirtschaftliche Forschung zeigt bereits ein rasant steigendes Inter-
esse an ML, was sich in einem exponentiellen Anstieg an Veröffentlichungen
im Bereich Deep Learning (Teilgebiet von ML) widerspiegelt (Sit et al. 2020).
Die Vorteile der Nutzung von ML zeichnen sich in einer Vielzahl von Arbei-
ten ab. So konnte z. B. Kochkov et al. (2021) mit Hilfe von ML eine deutliche
Beschleunigung von Modellen der Strömungsmechanik erlangt werden. Andere
Forschung zeigt den erfolgreichen Einsatz von ML in der Echtzeitvorhersage von
Überflutungskarten infolge von Starkregen (Burrichter et al. 2023).

Einen weiteren denkbaren Einsatzbereich für ML stellen Vorhersagen von
Abflüssen in Kanalnetzen dar. Diese sind von essenzieller Bedeutung für Anwendungen wie modellprädiktive Regelung bei abwasserbezogenen Anwendungen
(Chen et al. 2014). Durchführbar sind die Vorhersagen mit herkömmlichen hydrodynamischen Modellen, jedoch benötigen diese eine hohe Anzahl an Parametern,
weshalb ihre Kalibrierung aufwendig werden kann. Detaillierte und exakte Daten
des Kanalsystems sind nötig, um genaue Ergebnisse aus hydrodynamischen
Modellen zu erlangen, und die Komplexität der Modelle erfordert einen hohen
Rechenaufwand (Capodaglio 1994 nach El-Din und Smith 2002).

Auch hier bieten datengestützte ML-Methoden eine vielversprechende Alter-
native. Dadurch ist es möglich, auf Basis von Abflussdaten die direkten
Zusammenhänge zu erkennen, ohne die zugrundeliegenden Prozesse im System vollständig verstehen und abbilden zu müssen. In Anbetracht der Erfolge

in anderen Anwendungsgebieten kann das Potenzial von ML darin liegen, aufwendige Modellkalibrierungen obsolet zu machen, Vorhersagen zu beschleunigen und womöglich auch die Genauigkeit zu verbessern.

1.2 Zielsetzung

Ziel dieser Arbeit ist es, das Potenzial von ML für die Vorhersage von Abflussereignissen zu untersuchen. Dabei sollen verschiedene Modelle angelernt und hinsichtlich ihrer Rechengeschwindigkeit, Genauigkeit und Usability evaluiert werden. Genutzt werden dafür synthetisch erzeugte Daten, die mit hydrologischen und hydrodynamischen Modellen der Stadtentwässerung erstellt werden. Im Zuge der Entwicklung soll ein Tool entstehen, das es anderen Anwendern ermöglichen soll, das ML-Modell auf andere Einzugsgebiete und Zielvariablen zu übertragen und eigene Modelle zu erstellen.

Stand der Wissenschaft und Technik 2

Zunächst wird das herkömmliche Vorgehen bei der Modellierung der Siedlungsentwässerung mithilfe von Simulationsmodellen dargestellt, die als allgemein anerkannter Stand der Technik gelten. Diese Modelle sind bewährte Methoden in der Wasserwirtschaft und bieten eine solide Basis für die Analyse und Planung. Im weiteren Verlauf wird der aktuelle Stand der Wissenschaft und Technik im Bereich von ML beleuchtet. Um dem wasserwirtschaftlichen Fachpublikum einen fundierten Einstieg in das Thema zu bieten, werden zunächst die Grundlagen von ML dargelegt (s. Abschnitt 2.2). In Abschnitt 2.3 wird die Anwendung von ML in der Siedlungsentwässerung näher betrachtet. Dabei wird die Relevanz dieser Technologie für die Modellierung und Optimierung von Entwässerungssystemen herausgestellt und einzelne Anwendungen näher erläutert. Zum Abschluss des Kapitels wird spezifisch auf aktuelle Forschung im Bereich der ML-basierten Abflussvorhersagen eingegangen. Es werden relevante Arbeiten vorgestellt und deren Ergebnisse im Kontext der vorliegenden Masterarbeit eingeordnet (s. Abschnitt 2.4).

2.1 Simulationsmodelle der Siedlungsentwässerung

Für diese Masterarbeit ist die Modellierung der Siedlungsentwässerung von zentraler Bedeutung, da sie hier die Grundlage für die Entwicklung und Validierung des ML-gestützten Modells zur Abflussvorhersage bildet.

Nach Butler et al. (2018) zielt die Modellierung in der Stadtentwässerung darauf ab, ein System und seine Reaktionen auf verschiedene Bedingungen zu

F. Albers, *Machine Learning-gestützte Abflussvorhersagen in Abwassernetzen*, Forschungsreihe der FH Münster, https://doi.org/10.1007/978-3-658-51214-9_2

repräsentieren. Damit sollen Fragenstellungen geklärt werden, warum ein spezifisches System funktioniert oder nicht funktioniert und gegebenenfalls auch, wie es verbessert werden kann. In der Umsetzung eines solchen Modells in der Stadtentwässerung gibt es neben den üblichen physikalischen Modellen auch verschiedene andere Ansätze, darunter empirische, konzeptionelle, stochastische Modelle oder auch neuronale Netze. Der Hauptunterschied zwischen physikalisch basierten Modellen und den meisten alternativen Ansätzen liegt nach Butler et al. (2018) in der Art und Weise, wie sie das System abbilden. Physikalisch basierte Modelle streben eine detaillierte Beschreibung des Systems an, indem sie für jeden wichtigen und relevanten physikalischen Prozess ein mathematisches Äquivalent schaffen. Dies umfasst beispielsweise die Umwandlung von Niederschlag in Abfluss, den Transport von Schadstoffen und die Ablagerung von Sedimenten in Kanälen (Butler et al. 2018).

Durch diese Kombination von Modellansätzen können umfassende Analysen und Vorhersagen zur Verbesserung der Stadtentwässerungssysteme erstellt werden. Nach DWA-M 165 (2021) umfasst der grundlegende Nutzen solcher Modelle Folgendes:

- „Kanalnetzberechnungen zum Nachweis der hydraulischen Leistungsfähigkeit von Entwässerungssystemen und ihrer einzelnen Komponenten"
- „Überflutungsberechnungen zur Ermittlung von Fließwegen, Wasserstanden und Fließgeschwindigkeiten auf der Oberflache"
- „Schmutzfrachtberechnungen zum Nachweis des Entlastungsverhaltens von Mischwasserüberlaufbauwerken"
- „Schmutzfrachtberechnungen zur Simulation des Stoffaustrags durch Regenwasserabflüsse im Trennsystem"

Bezogen auf Deutschland werden solche Simulationen vorausgesetzt für die Nachweisführung bei Entwässerungsnetzen und anderen Maßnahmen der Regenwasserbewirtschaftung (DWA-A 100 2006). Beispiele für solche Simulationsmodelle sind Software wie SWMM (US EPA 2014), NASIM (Hydrotec 2015) oder auch Hec-HMS (HEC 2000). Dabei handelt es sich bei SWMM und NASIM um kombinierte Modelle, welche hydrologische sowie hydrodynamische Modellteile verwenden (Hydrotec 2015; Rossman 2015).

2.2   Grundlagen des Machine Learnings

2.2.1   Definition

Zunächst ist es wichtig, den Begriff ML an sich näher zu erläutern, da häufig Synonyme dafür verwendet werden, die etwas Ähnliches beschreiben, jedoch als Fachbegriffe voneinander zu unterscheiden sind. Wird der Begriff in das Deutsche übersetzt, so spricht man von „maschinellem Lernen".

Grundsätzlich ist ML als Teil des Fachgebietes künstliche Intelligenz (KI) zu verstehen, dessen Ziel es ist, mithilfe von Daten und Algorithmen den menschlichen Lernprozess zu imitieren (IBM 2024a). Laut dem Fraunhofer-Institut für Kognitive Systeme (IKS) kann ML dazu dienen, KI zu erzeugen (Frauenhofer IKS 2024) und ist somit als ein Werkzeug zur Schaffung von KI einzuordnen. ML ermöglicht es Computern, zu lernen und Vorhersagen sowie Entscheidungen zu treffen, ohne dass ein Algorithmus explizit darauf programmiert wurde. Grundsätzlich basiert ML dabei auf Daten und versucht in diesen nützliches Wissen sowie Muster zu erkennen (Cerulli 2023).

Da häufig auch der Begriff Deep-Learning genannt wird, sollte dieser ebenfalls abgegrenzt werden. Hierbei handelt es sich zwar um ML, jedoch lediglich um eine Kategorie von Algorithmus, die auf neuronalen Netzen basiert (Frauenhofer IKS 2024). Da ML nicht ausschließlich aus Deep-Learning-Algorithmen besteht, kann es somit schnell zu falschen Bezeichnungen kommen. Wie die Begriffe KI, ML, neuronale Netze und Deep Learning zugeordnet werden, ist in Abbildung 2.1 verdeutlicht.

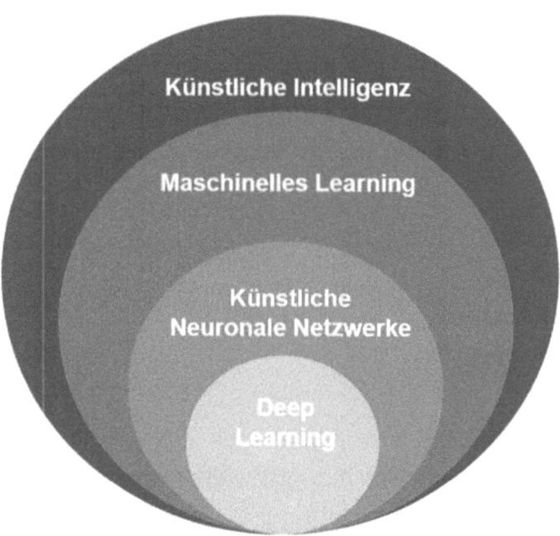

Abbildung 2.1 Begriffsabgrenzung ML

2.2.2 Historischer Entwicklung

Entgegen der verbreiteten Annahme sind ML, KI und neuralen Netze keine Neuheiten in der Technologiegeschichte. Der Grundstein für ML wurde 1943 gelegt, als Pitts und McCulloch (1943) das erste mathematische Modell für neuronale Netze entwickelten. Die eigentliche Prominenz erlangte der Begriff Machine Learning jedoch erst 16 Jahre später, als A. L. Samuel in seinem 1959 veröffentlichten Artikel „Some Studies in Machine Learning Using the Game of Checkers" experimentelle ML-Algorithmen nutzte, um einem Computer das Schachspielen beizubringen (Cerulli 2023). Samuel erreichte dabei, dass der Computer besser Schach spielte als er selbst (Samuel 1959).

Einen Aufschwung erlebte KI und damit einhergehen ML in den 1980er und 1990er Jahren, getrieben durch Fortschritte in der Rechenleistung und Theorie. Dies führte zu einer Renaissance der neuronalen Netze und zur Entstehung von Deep Learning. Ein Meilenstein war 1997 der Sieg von IBMs „Deep Blue" über den Schachweltmeister Kasparov, wodurch die Leistungsfähigkeit von ML-basierten Systemen demonstriert wurde (SITNBoston 2017). Im 21. Jahrhundert hat ML, unterstützt durch Big Data und fortschrittliche Algorithmen, beeindruckende Entwicklungen ermöglicht (SITNBoston 2017). Das Resultat in der heutigen Zeit sind populäre Anwendungen wie ChatGPT oder DALL-E, die privaten Nutzern im Web zur Verfügung stehen und mit Texteingabe neue Inhalte erzeugen können (vgl. OpenAI 2021, 2022).

2.2.3 Die Teilgebiete von Machine Learning

Machine Learning ist ein weitreichender Begriff, der von einfachen statistischen Methoden bis hin zu komplexen Algorithmen reicht. Je nach Anwendungsfall und Ziel unterscheiden sich die ML-Algorithmen grundlegend. Dabei lassen sich die Algorithmen nach Cerulli (2023) in die folgenden Teilgebiete einordnen:

1. Supervised Learning
2. Unsupervised Learning
3. Semi-supervised Learning
4. Reinforcement Learning

Für die richtige Anwendung von ML ist es essenziell, das vorliegende Problem richtig einzuordnen und die Algorithmen dementsprechend auszuwählen. Nachfolgend werden daher alle Teilgebiete genauer erläutert, zusammen mit einer kurzen Darstellung möglicher Anwendungen der zugrundeliegenden Verfahren. In Abbildung 2.2 ist ein Überblick der Teilgebiete veranschaulicht mit den jeweiligen Anwendungstypen.

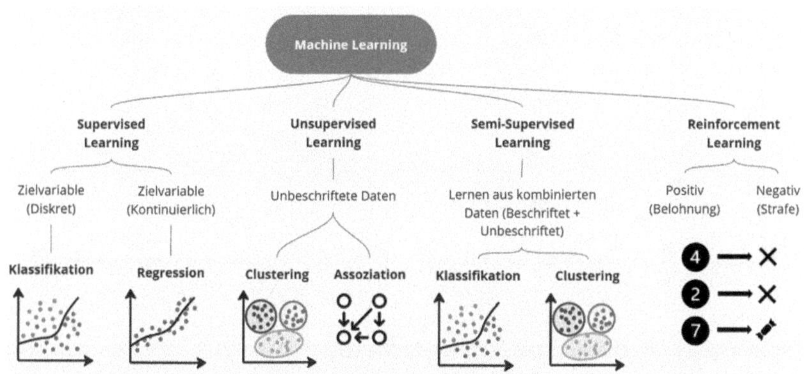

Abbildung 2.2 Teilgebiet von ML. (Eigene Darstellung nach Sarker 2021)

Supervised Learning

Nach Matzka (2021) zeichnet sich das Supervised Learning (dt. Überwachtes Lernen) grundlegend dadurch aus, dass korrekte Zielwerte bekannt sind und das Modell sie im Lernprozess nutzt, um Muster und Beziehungen in den Daten zu erlernen. In Abhängigkeit von der Art der Ausgabewerte lässt sich Supervised Learning wiederum in Klassifikation und Regression unterteilen.

Erfordert eine Problemstellung diskrete Klassen oder Kategorien als Ausgabewert, kann von einem Klassifikationsproblem gesprochen werden. Sind die Ausgabewerte jedoch kontinuierliche numerische Werte, handelt es sich um ein Regressionsproblem (Matzka 2021). Abbildung 2.3 verdeutlicht diesen Unterschied.

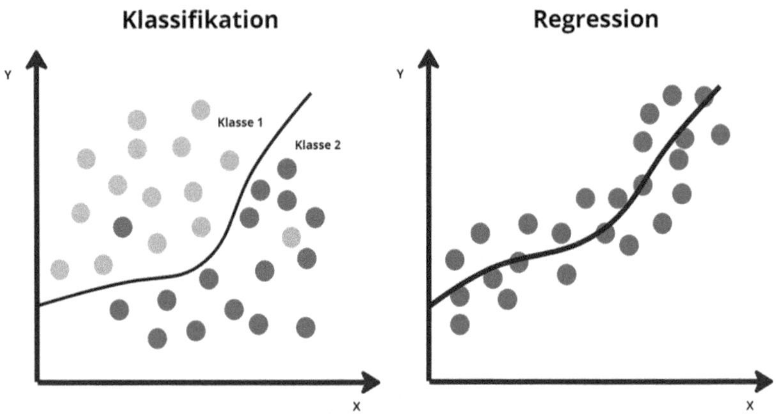

Abbildung 2.3 Vereinfachte Darstellung von Klassifikation (links) und Regression (rechts)

Übertragen auf die Wasserwirtschaft könnten hypothetische Anwendungsfälle für die Klassifikation die Vorhersage von Hochwassergefahren sein und für Regression die Vorhersage von Wasserständen in Fließgewässern (s. Tabelle 2.1).

Tabelle 2.1 Hypothetische Anwendungsfälle für Klassifikation und Regression

Verfahren	Anwendungsfall	Eingabewerte	Ausgabewerte	Wertetyp
Klassifikation	Vorhersage von Hochwassergefahr	Niederschlagsdaten, etc.	Hochwassergefahr: Ja/Nein?	Diskret
Regression	Vorhersage von Wasserständen in Fließgewässern	Niederschlagsdaten, etc.	Wasserstand in cm	Kontinuierlich

Unsupervised Learning
Anders als beim Supervised Learning werden die Algorithmen bei Unsupervised Learning (dt. Unüberwachtes Lernen) lediglich mit Daten gefüttert, die keine Ausgabewerte besitzen oder diese bewusst vorenthalten werden (Matzka

2021). Der wohl bekannteste Anwendungsfall, der unter dem Namen „Cluste-ring" (dt. Segmentierung) bekannt ist, verfolgt das Ziel, Datenpunkte, welche sich ähneln, zu gruppieren und einzuordnen (s. Abbildung 2.4). Datenpunkte hingegen, welche sich in ihren Merkmalen voneinander unterscheiden, sollen voneinander differenziert werden (Matzka 2021).

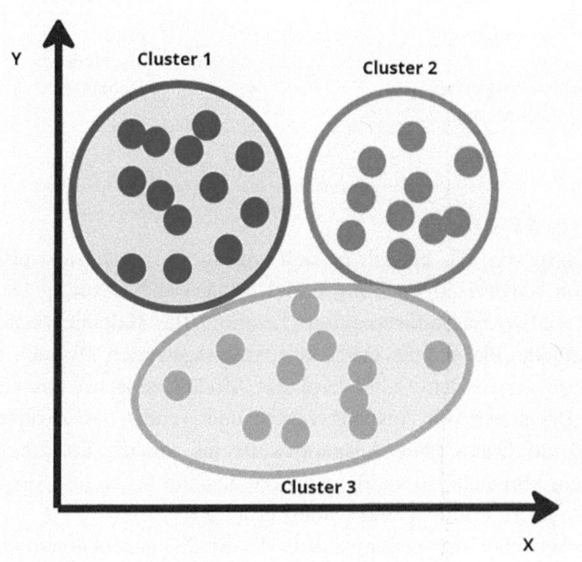

Abbildung 2.4 Vereinfachte Darstellung von Clustering

Weitere Anwendungsbereiche sind die Dichtebestimmung, Merkmalserken-nung, Dimensionsreduktion sowie das Finden von Assoziationsregeln und Erken-nung von Anomalien (Sarker 2021b). Häufig wird Unsupervised Learning substituierend zu Klassifizierungsanwendungen genutzt, um eine Voreinordnung der Datenpunkte in mögliche Gruppen vorzunehmen (Matzka 2021).

Ein Beispiel für einen Anwendungsfall für Clustering in der Wasserwirtschaft könnte die Gruppierung von Flächentypen sein. Dabei würden keine konkreten

Flächentypen benannt, diese jedoch in ähnliche Gruppen eingeordnet. Nachfolgend könnten mit diesen Ergebnissen die Flächentypen festgelegt werden, sodass mithilfe von Supervised Learning die Flächen dann eingeordnet werden (s. Tabelle 2.2).

Tabelle 2.2 Hypothetischer Anwendungsfall für Clustering

Verfahren	Anwendungsfall	Eingabewerte	Ausgabewerte	Wertetyp
Clustering	Segmentierung von hydrologischen Flächentypen	Geo-referenzierte Fernerkundungsdaten	Gruppen von verschiedenen Flächentypen	Diskret

Semi-supervised Learning

Bei dieser Form von ML handelt es sich um eine Sonderform, welche sich der Verfahren von Supervised Learning und Unsupervised Learning bedient. Nach Mohri et al. (2018) ist Semisupervised Learning (dt. Halbüberwachtes Lernen) eine Lernmethode, die sowohl Daten mit Ausgangswerten als auch Daten ohne Ausgangswerte verwendet. Dabei lernt das Modell zunächst aus einer kleinen Menge von Beispielen mit Ausgangswerten und wendet das erworbene Wissen anschließend auf Daten ohne Ausgangswerte an, um die Leistung zu verbessern. Solch ein Vorgehen ist vor allem hilfreich, wenn Daten mit Ausgangswerten knapp oder teuer zu erhalten sind (Mohri et al. 2018).

Ein hypothetischer Anwendungsfall in der Siedlungsentwässerung könnte ein Modell zur Erkennung und Klassifizierung von Schäden im Kanalnetz sein. Ein solches Modell würde mit einer Kombination an Daten mit und ohne Ausgangswert zunächst potenzielle Schadenskategorien einordnen und danach die Bilder den vorgegebenen Klassen zuordnen. Dieses Beispiel ist in Tabelle 2.3 dargestellt.

Tabelle 2.3 Hypothetischer Anwendungsfall für Semi-supervised Learning

Verfahren	Anwendungsfall	Eingabewerte	Ausgabewerte	Wertetyp
Clustering & Klassifizierung	Erkennung & Klassifizierung von Schäden im Kanalnetz	Sammlung von Bildern bestehend aus kategorisierten & nicht kategorisierten Bildern	Klassifizierte Bilder nach Schadenstyp	Diskret

Reinforcement Learning

Kaelbling et al. (1996) beschreiben Reinforcement Learning (dt. Verstärkendes Lernen) als eine Unterform des Supervised Learning. Dabei nimmt das Modell die Rolle des Akteurs ein, der eine Aufgabe in einer dynamischen Umgebung erfüllen soll. Das Modell agiert nach dem „Trial-and-Error"-Prinzip und lernt in einem iterativen Prozess aus seinen vorherigen Versuchen. Dafür werden dem Akteur nach seinem Handeln sofort die Beobachtung und die dazugehörige Belohnung oder Bestrafung mitgeteilt (Kaelbling et al. 1996) Abbildung 2.5.

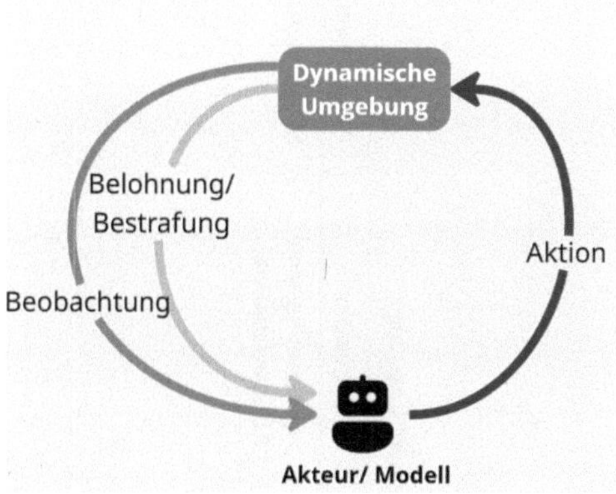

Abbildung 2.5 Vereinfachte Darstellung von Reinforcement Learning

Als Beispiel für die Siedlungsentwässerung könnte damit ein Modell trainiert werden, um Kanalnetzsteuerung zu übernehmen für eine optimierte Nutzung von Stauräumen (s. Tabelle 2.4). Wie eine solche Umsetzung aussieht, ist in Abschnitt 2.3 näher erläutert.

Tabelle 2.4 Hypothetischer Anwendungsfall für Reinforcement Learning

Verfahren	Anwendungsfall	Eingabewerte	Ausgabewerte	Wertetyp
Reinforcement Learning	Steuerung einer Pumpe im Kanalnetz	Niederschlagsdaten, Abflussdaten etc.	Steuerungs-anweisung	Kontinuierlich

2.2.4   Deep Learning und Neuronale Netze

Dank der hervorragenden Fähigkeit, komplexe Strukturen in großen Datensätzen zu erkennen, hat die Anwendung von Deep Learning in den letzten Jahren einen signifikanten Aufwind erfahren und wird sogar als Treiber der vierten Industriellen Revolution genannt (Sarker 2021a). Hier noch einmal zu erwähnen ist, dass Deep Learning, ML und KI oft als Synonyme verwendet werden, jedoch ist mit Deep Learning lediglich eine Art von Algorithmen gemeint (siehe Abbildung 2.1). Diese finden Anwendung in allen zuvor genannten Teilgebieten von ML aus Abschnitt 2.2.3.

Die Basistechnologie der Deep-Learning-Algorithmen sind künstliche neuronale Netze, welche das biologische System eines menschlichen Gehirns nachbilden sollen (Cerulli 2023). Abbildung 2.6 zeigt ein solches künstliches neuronales Netz, bestehend aus Neuronenschichten, die sich unterteilen lassen in die Eingabeschicht, eine oder mehrere verborgene Schichten und die Ausgabeschicht.

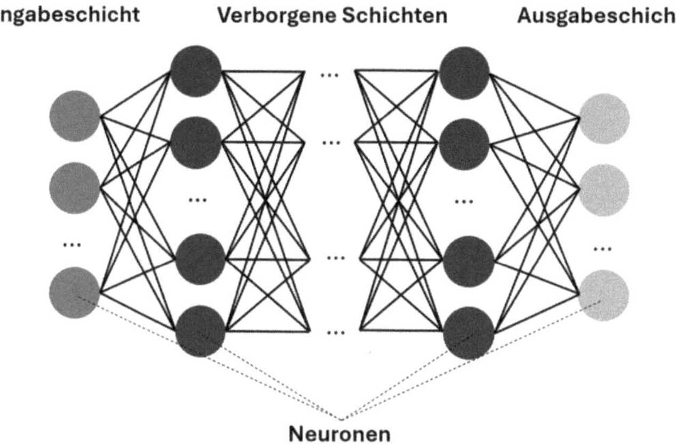

Abbildung 2.6 Darstellung eines vereinfachten künstlichen neuronalen Netzes

Nach IBM (2024b) ist jeder Knoten in einem neuronalen Netz mit anderen Knoten verbunden und hat spezifische Gewichte und Schwellenwerte. Ein Knoten wird aktiviert und gibt Daten an die nächste Schicht weiter, wenn seine Ausgabe einen bestimmten Schwellenwert überschreitet. Andernfalls bleibt der Knoten inaktiv. Damit ein neuronales Netz lernen kann, wird der Optimierungsprozess namens Backpropagation (dt. Rückpropagation) angewandt. Dabei wird das Netz rückwärts durchschritten von Ausgabeschicht bis Eingabeschicht, und passt alle Parameter des Netzes dabei an. Dies kann beliebig häufig wiederholt werden oder so lange, bis keine Verbesserung des Modells mehr zu erkennen ist (Matzka 2021). Wird dieses Prinzip der neuronalen Netze nun mit einer Vielzahl von verborgenen Schichten angewandt, so ist die Rede von „Deep Neural Networks" (dt. tiefe neuronale Netze), dessen Training wiederum als Deep Learning bezeichnet wird (Matzka 2021).

2.3   Machine Learning in der Siedlungsentwässerung

Bereits in einer Vielzahl von Forschungsgebieten der Wasserwirtschaft hat ML Einzug gefunden. Zu diesen zählen Hochwasserschutz, Meteorologie, Bodennutzung und Boden, Wasserqualität, Oberflächengewässer, Wasserressourcen und Grundwasser (Sit et al. 2020). Bereits 2006 wurde Forschung zu ML in hydrodynamischen Modellen durchgeführt von Bruen und Yang (2006). Mithilfe von künstlichen Neuronalen Netzen war es ihnen möglich, systematische Fehler von herkömmlichen deterministischen Modellen zu reduzieren und eine sinnvolle Kombination aus beiden Modelltypen zu erstellen.

Bei genauerer Betrachtung für die Siedlungsentwässerung lassen sich die häufigsten Anwendungsfälle weiter eingrenzen. Nach Kwon und Kim (2021) werden folgende drei Anwendungskategorien genannt im Bereich Siedlungsentwässerung:

1. Betrieb: Echtzeit-Betriebssteuerung
2. Management: Überflutungsvorhersagen
3. Wartung: Erkennung von Rohrdefekten

Es ist anzumerken, dass dies keineswegs eine vollständige Einordnung ist, da die Anwendungsfälle von ML vielfältig sind und überall angewandt werden können, wo Prozesse mit Daten beschrieben werden können.

Management: Hochwasser-Überflutungsprognose
Der Einsatz von ML in der Hochwasser- und Überflutungsprognose gewinnt zunehmend an Bedeutung, insbesondere angesichts der steigenden Herausforderungen durch den Klimawandel. In diesem Bereich zeigt sich, dass ML-Methoden aufgrund ihrer Fähigkeit zur Zeitreihen- und sequenziellen Vorhersage besonders vielversprechend sind. Nach Sit et al. (2020) zieht das Fachgebiet „Hochwasser"

daher besonders viel Aufmerksamkeit auf sich, was angesichts der zunehmenden Extremwetterereignisse sinnvoll erscheint.

Konventionelle gekoppelte 1D/2D-Simulationen sind sehr rechenintensiv, da sie hohe Netzauflösungen und komplexe Gleichungen erfordern. Diese Simulationen sind daher oft ungeeignet für Echtzeit-Vorhersagen (Burrichter et al. 2023). Besonders bei Sturzfluten, die nur in kurzen Zeiträumen vorhersagbar sind, stellt dies ein Problem dar. Radarprognosen sind meist nur bis zu zwei Stunden im Voraus zuverlässig. Wenn die Simulation dieser Daten bereits einen erheblichen Teil des Prognosehorizonts beansprucht, sind die Überflutungsvorhersagen nahezu unbrauchbar (Burrichter et al. 2023). In diesem Zusammenhang erweist sich Machine Learning als besonders vorteilhaft, da es sich durch hohe Genauigkeiten und kurze Berechnungszeiten auszeichnet.

Ein Beispiel hierfür ist die Studie von Burrichter et al. (2023), die ein Deep-Learning-basiertes Vorhersagemodell zur räumlichen und zeitlichen Prognose von Starkregenereignissen vorstellt. Dieses Modell kann die Hochwassersituation für die kommenden Zeiträume als Sequenz von Überflutungskarten darstellen. Das entstandene Modell erzielte Ergebnisse, die den Simulationen des hydrodynamischen Modells sehr nah kommen und konnte darüber hinaus die Rechenzeiten drastisch reduzieren. Diese Eigenschaften machen das Modell für die Integration in ein Frühwarnsystem besonders geeignet.

Betrieb: Echtzeit-Betriebssteuerung
Die Methode von Reinforcement Learning (s. Abschnitt 2.2.3) ermöglicht es intelligenten Modellen, die Steuerungsfähigkeit zu erlernen und anhand von Feedback eine optimierte Steuerung von Systemkomponenten zu entwickeln. Im Gegensatz zu herkömmlichen Programmierungen mit Wenn-Dann-Szenarien sind die Entscheidungen der Reinforcement-Learning-Modelle deutlich tiefgehender und dynamischer.

Ein anschauliches Beispiel hierfür bietet die Arbeit von Wang et al. (2020). Vorgestellt wird ein autonomes Steuerungssystem, das mithilfe von RL darauf abzielt, Überschwemmungen während Stürmen zu minimieren. Der RL-Agent lernt eine optimale Steuerungsstrategie, indem er mit dem System interagiert und auf Belohnungssignale reagiert. Im Vergleich zu statischen Steuerungsregeln zeigt das RL-Modell eine überlegene Leistung bei einer Vielzahl von künstlichen Sturmereignissen. Dies verdeutlicht die Fähigkeit von Reinforcement Learning, auf der Grundlage von Beobachtungen und Interaktionen Steuerungsmaßnahmen zu erlernen, was besonders vorteilhaft für dynamische und sich ständig verändernde städtische Gebiete ist.

Wartung: Erkennung von Rohrdefekten

Die Inspektion von Abwasserkanälen ist ein aufwendiger Prozess, der traditionell auf manuellen Bildauswertungen von CCTV-Inspektionsvideos basiert. Diese Methode ist nicht nur zeitintensiv, sondern erfordert auch hohe personelle Ressourcen und bietet Raum für menschliche Fehler. Die manuelle Auswertung der Aufnahmen kann zudem inkonsistent sein, was die Genauigkeit und Effizienz der Defekterkennung beeinträchtigt (Kumar 2018).

Ein vielversprechender Ansatz zur Verbesserung dieses Prozesses ist der Einsatz von Machine Learning, insbesondere von Deep-Learning-Algorithmen. Kumar (2018) demonstriert dies mit einem System, das auf tiefen konvolutionalen neuronalen Netzen (CNNs) basiert, um Defekte in Kanalinspektionsvideos automatisch zu klassifizieren.

In der Arbeit von Kumar (2018) wurde ein Prototyp entwickelt, der in der Lage ist, Wurzeleinwüchse, Ablagerungen und Risse in Abwasserrohren zu identifizieren. Dafür wurden CNNs mit 12.000 Bildern aus über 200 Pipelines trainiert und getestet. Mit einer Genauigkeit von bis zu 90 % haben sich Deep-Learning-Algorithmen als sehr geeignet erwiesen für die automatisierte Interpretation von CCTV-Inspektionsvideos und bieten die Möglichkeit von höheren Effizienzgewinnen.

2.4 Stand der Wissenschaft zu Machine Learning-gestützten Abflussvorhersagen

Der spezifische Anwendungsfall für Abflussvorhersagen, basierend auf Simulationsdaten, wurde nach aktuellem Kenntnisstand noch nicht angewandt. Dennoch gibt es viel Forschung zu ähnlichen Anwendungsfällen. Dies geht aus eigenen Recherchen sowie zwei Übersichtsarbeiten von Kwon und Kim (2021) und Sit et al. (2020) hervor.

Um einen Überblick über den aktuellen Stand der Forschung zu geben, werden im Folgenden drei repräsentative Forschungsarbeiten vorgestellt, die sowohl der Methodik als auch dem Berechnungsziel nahekommen. Alle beschriebenen Arbeiten nutzen ML-Modelle für Zeitreihenvorhersagen, um damit Kanalnetzvariablen zu ermitteln.

Burrichter et al. (2024) entwickelten mehrere Deep-Learning-Modelle, die Überstauereignisse erkennen und quantifizieren können. Die Modelle basieren auf Ausgabedaten einer Simulationssoftware und können die Berechnungszeiten des Überstaus für 975 Schächte innerhalb von Sekunden durchführen. Dabei wurde das TFT-Modell (Temporal Fusion Transformer) als genaustes Modell identifiziert.

Sufi Karimi et al. (2019) untersuchten die Vorhersage von Abwasserabflüssen mithilfe von verschiedenen ML-Methoden. Im Gegensatz zu Burrichter et al. wurde jedoch das Training, basierend auf Messdaten der Stadt Springfield, vollzogen. Herausgefunden wurde, dass der LSTM-Algorithmus die genausten Vorhersagen lieferte. Hervorgehoben wurde jedoch auch, dass die LASSO-Methode (Least Absolute Shrinkage and Selection Operator) den Vorteil bot, auch räumliche Zusammenhänge zu identifizieren.

Palmitessa et al. (2022) hingegen zielten darauf ab, ein komplettes Simulationsmodell durch ML-Ansätze zu ersetzen, welches die gesamte Hydraulik eines Kanalnetzes berechnen soll. Das Modell nimmt Systemcharakteristiken als Eingabe, um auf andere Systeme übertragen werden zu können. Dabei wurde eine Beschleunigung um das 10- bis 100-fache erzielt, was die Effizienz von ML-gestützten Modellen im Vergleich zu herkömmlichen Simulationsmodellen verdeutlicht.

Auf Basis dieser Arbeiten lässt sich sagen, dass die Vorgehensweisen bei der Ermittlung von Kanalnetzvariablen, wie z. B. Abfluss, vielfältig sind. Dabei reichen die Ansätze von ganzheitlichen Konzepten, wie von Palmitessa et al. (2022), bis zu spezifischen Konzepten für nur eine Zielvariable, wie in den Arbeiten von Sufi Karimi et al. (2019) oder auch Burrichter et al. (2024).

Dadurch, dass diese Masterarbeit ebenfalls Simulationsergebnisse nutzt als Basis für das ML-Modell, lassen sich die meisten methodischen Parallelen bei der Arbeit von Burrichter et al. (2024) erkennen, jedoch mit dem Unterschied, dass eine andere Zielvariable im Kanalnetz ermittelt wird. Aufgrund der methodischen Nähe wird sich daher bei einigen Vorgehensweisen an Burrichter et al. (2024) orientiert.

Material und Methoden 3

3.1 Entwicklungskonzept

Um einen gesamten Bogen um alle Methodiken zu spannen, wird zunächst das übergeordnete Entwicklungskonzept dargelegt, welches die Grundlage für die weiteren Arbeitsschritte darstellt. Dazu werden zunächst die Modellanforderungen näher beschrieben, die Problemstellung eingeordnet und die möglichen Konfigurationsebenen in der Entwicklung dargelegt.

Modellanforderungen

Das Ziel des hier beschriebenen ML-basierten Modells ist die Vorhersage des Abflusses in einem Schacht innerhalb eines einfachen Einzugsgebiets (EZG) über einen Vorhersagehorizont von einer Stunde, wobei die Vorhersageintervalle auf fünf Minuten festgelegt sind.

Um eine flexible Modellentwicklung zu gewährleisten, sollen die Trainingsdaten synthetisch mit einem Simulationsmodell generiert werden. Dies ermöglicht Massensimulationen mit einer möglichst breiten Palette an Niederschlagsereignissen, die sowohl aus Modellregen als auch aus aufgezeichneten Ereignissen bestehen. Mit diesen Daten soll das ML-Modell trainiert werden, um Muster zu erkennen und diese bei der Vorhersage anderer Ereignisse anzuwenden. Zudem soll der Prozess der Modellerstellung übertragbar sein auf andere EZGs oder Zielvariablen.

Ergänzende Information Die elektronische Version dieses Kapitels enthält Zusatzmaterial, auf das über folgenden Link zugegriffen werden kann https://doi.org/10.1007/978-3-658-51214-9_3.

Einordnung der Problemstellung

Zunächst muss die Problemstellung eingeordnet werden, um eine passende ML-Methode auszuwählen. Dadurch, dass das Modell an Wahrheitswerten trainiert werden soll, bewegt es sich im Bereich des **Supervised Learning** (s. Abschnitt 2.2.3). Die Werte, welche das Modell ausgibt, werden kontinuierliche Abflussdaten in m3/s sein, weshalb es sich dabei um eine **Regressionsaufgabe** handelt. Da im genaueren Sinne Zeitreihen vorhergesagt werden, spricht man hier von **Zeitreihenprognose** (Matzka 2021).

Modellvarianten

Da sich ML als ein Baukastensystem betrachten lässt, das endlose Aufbaumöglichkeiten bietet, gibt es verschiedene Wege zum Ziel mit verschiedenen Modellvarianten. Eine Modellvariante bedeutet, dass eine oder mehrere Änderungen zum vorherigen Modell vorgenommen werden. Im Rahmen der Modellentwicklung werden die Modellvarianten auf den zwei Konfigurationsebenen Datenverarbeitung und Modellarchitektur iterativ angepasst. Die Konfigurationsebenen lassen sich dabei wie folgt beschreiben:

Datenverarbeitung:	– Alle Bearbeitungs- und Aufbereitungsschritte, die die Daten oder die Struktur der Daten beeinflussen.
	– Bspw. Auswahl, Bereinigung, Normalisierung
Modellarchitektur:	– Alle Parameter und Eigenschaften, die das Modelltraining im Machine Learning beeinflussen.
	– Bspw. Algorithmus, Verlustfunktion, Optimierungsmethode, Netzaufbau

Damit die Konfigurationsebenen in den Kontext der Modellentwicklung gesetzt werden, sind diese in der Abbildung 3.1 aufgeführt. Dargestellt ist der Entwicklungsprozess, welcher immer wieder die Datenverarbeitung und Modellarchitektur durchläuft und anpasst. Nach jedem Training werden die Modellvarianten mithilfe von Testdaten ausgewertet und entschieden, ob weitere Anpassungen nötig sind.

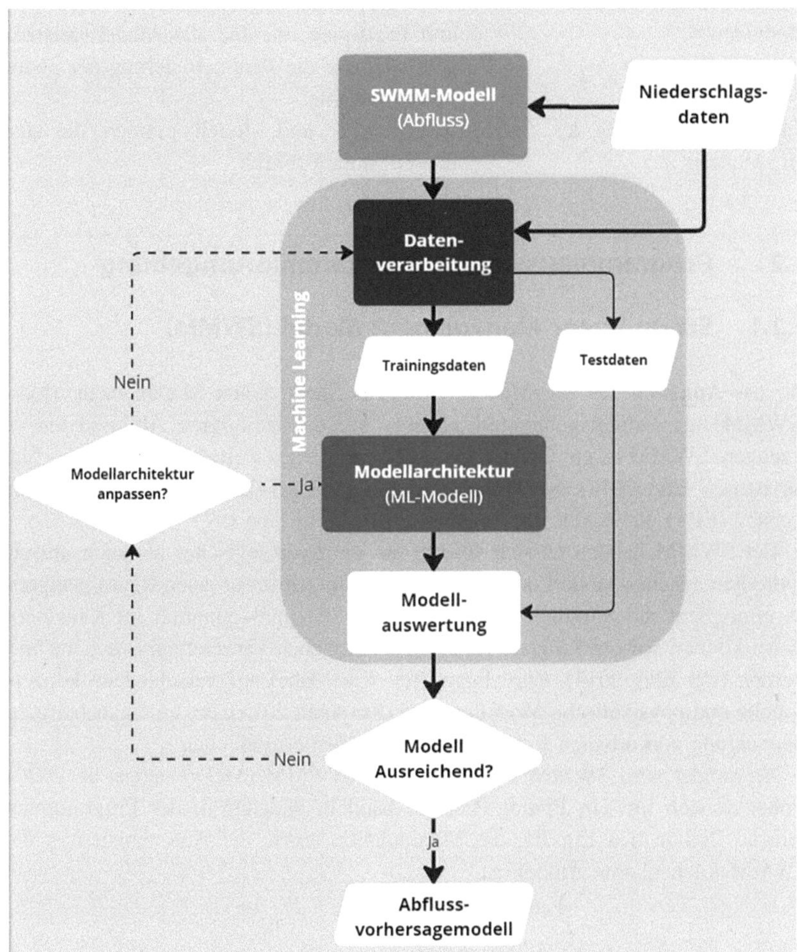

Abbildung 3.1   Darstellung des Entwicklungskonzeptes

Aufgrund des iterativen Entwicklungsprozesses steht das zusätzliche **Kapitel 4 „Herleitung des ML-Modells"** zur Verfügung. Dies soll den Prozess besser widerspiegeln und einem besseren Lesefluss dienen. Mit dieser Aufteilung umfassen die beiden Kapitel Folgendes:

| Kapitel 3 „Material und Methoden" | Alle grundlegenden Materialien, Methoden und Prinzipien, die für alle Modellvarianten gelten, sowie die Parametrisierung der ersten Modellvariante |
| Kapitel 4 „Herleitung des ML-Modells" | Alle Schritte und Modellvarianten, die zum finalen Modell führen |

3.2 Programmauswahl & Programmierumgebung

3.2.1 Storm Water Management Model (SWMM)

Für das Anlernen des ML-Modells wird das Storm Water Management Model (SWMM) als Grundlagenmodell genutzt, um die benötigten Abflussdaten zu erzeugen. SWMM ist ein Open-Source-Programm, das weltweit kostenlos verfügbar ist (US EPA 2014). SWMM wurde von der U. S. Environmental Protection Agency (EPA) entwickelt und erschien erstmals im Jahr 1971.

Bei SWMM handelt es sich sowohl um ein hydrologisches als auch um ein hydrodynamisches Modell und ist für Anwendungen im urbanen Raum geeignet. Es ermöglicht die Simulation der Abflussqualität und -quantität im Kanalnetz. Dabei können sowohl Langzeitsimulationen als auch Einzelereignisse berechnet werden (US EPA 2014). Zurückgegriffen wird dabei auf verschiedene konzeptionelle und physikalische Modellansätze (Rossman 2015), die eine ganzheitliche Betrachtung von urbanen Entwässerungssystemen ermöglichen.

Verwendet wird SWMM innerhalb von PySWMM (McDonnell et al. 2020), wobei es sich um ein Python-Package handelt, welches in der Programmiersprache Python den Einsatz, die Manipulation sowie die Automatisierung des SWMM-Rechenkerns ermöglicht.

3.2.2 Geoinformationssystem

Für die Verarbeitung von Flächendaten wurde ArcGIS Pro gewählt. ArcGIS Pro, entwickelt von Esri, ist ein leistungsstarkes Geoinformationssystem (GIS), das fortschrittliche Werkzeuge für räumliche Analysen und Datenvisualisierung bietet. Es ermöglicht eine präzise und effiziente Verschneidung von Flächen, was für die genaue Analyse von räumlichen Beziehungen und Überlagerungen unerlässlich ist (Esri 2024).

3.2.3 Programmierumgebung & Versionskontrolle

Für die Entwicklung des ML-Modells wird die Programmiersprache Python (Van Rossum und Drake Jr 1995) verwendet. Python bietet durch seine Vielzahl an Erweiterungspaketen den vollständigen Funktionsumfang, der für diese Masterarbeit erforderlich ist. Die verwendete Version für diese Arbeit ist **Python 3.11.7**. Für die Erweiterung der Funktionen von Python wird zudem eine Vielzahl von Packages genutzt, wobei die wichtigsten in folgender Tabelle zusammengefasst sind, mit Angabe der Funktion und der entsprechenden Referenz (Tabelle 3.1):

Tabelle 3.1 Übersicht der wichtigsten Packages für Python

Package	Funktion	Referenz
Jupyter Notebook	Erstellung von Dokumenten, die ausführbaren Code beinhalten	(Kluyver et al. 2016)
scikit-learn	Datenverarbeitung, speziell für ML	(Pedregosa et al. 2011)
PySWMM	Automatisierung und Manipulation von SWMM	(McDonnell et al. 2020)
Wetterdienst	API für Zugriff auf DWD-Wetterdaten	(Gutzmann 2024)
Py-kostra	API für Zugriff auf KOSTRA-Daten	(Buntemeyer 2022)
ehyd_tools	Erstellung von Modellregen aus KOSTRA-Daten	(Markus Pichler 2022)

Für die Versionskontrolle des Codes wird Git verwendet. Dies ermöglicht eine effiziente Nachverfolgung von Änderungen und stellt sicher, dass die Entwicklung nachvollziehbar und reproduzierbar ist. Der gesamte Code wird auf der GitLab-Plattform der FH Münster bereitgestellt, um eine Überprüfung und Reproduzierbarkeit des Codes zu ermöglichen. Eine vollständige Liste aller verwendeten Packages befindet sich im Anhang 2.

Link zum GitLab-Projekt „UrbanML": https://git.fh-muenster.de/team_urba nwater/urbanml

3.2.4 Machine Learning-Umgebung

Neben der Programmierumgebung sind die ML-Bibliotheken essenziell, um das Training eines KI-Modells zu entwickeln. In dieser Masterarbeit werden zwei maßgeblich wichtige Bibliotheken verwendet, die den Aufbau eines solchen KI-Modells ermöglichen. Zu diesen gehören **TensorFlow** (Abadi et al. 2015) sowie **Keras** (Chollet et al. 2015).

Am wichtigsten und Kern des Trainings ist dabei TensorFlow, eine Open-Source-Plattform zur Formulierung und Ausführung von ML-Algorithmen. Nach Abadi et al. (2015) ist TensorFLow dabei plattformübergreifend einsetzbar ist, von mobilen Geräten bis zu großen Rechensystemen und ermöglicht Entwicklern die Nutzung neuester Optimierungs- und Trainingsalgorithmen. Seit seiner Veröffentlichung im November 2015 hat TensorFlow breite Anwendung in Forschung und Produktion gefunden, unter anderem in Bereichen wie Spracherkennung und Computer-Vision (Abadi et al. 2015).

Keras hingegen ist eine Open-Source-Programmierschnittstelle (API) basierend auf Python, und wurde entwickelt, um das Experimentieren mit Deep-Learning-Modellen zu erleichtern. Dabei funktioniert Keras mit den ML-Bibliotheken JAX, TensorFlow sowie PyTorch und bietet eine benutzerfreundliche Umgebung, die eine schnelle Prototypenerstellung ermöglicht (Chollet et al. 2015). In einfachen Worten lässt sich sagen, dass TensorFlow in diesem Zusammenspiel den Rechenkern bereitstellt und Keras dabei eine einfach bedienbare Hülle für die Anwendung bietet.

3.2.5 Hardware

Da auch Simulations-, Trainings- und Berechnungszeiten wichtig sein werden, ist es nötig, die genutzte Hardware zu nennen, welche maßgeblich die Rechenleistung beeinflusst. Je nach Prozessor oder Grafikkarte können diese Berechnungszeiten deutlich variieren. Die Spezifikationen des Computers, auf dem simuliert und trainiert wird, sind in Tabelle 3.2 angegeben:

Tabelle 3.2 Computerspezifikationen

Laptop	HP OMEN 16-c0085ng
Prozessor	AMD Ryzen 7 5800 H 3,20 GHz (8 Kerne, 16 Threads)
Grafikkarte	NVIDIA GeForce RTX 3070 (8 GB GDDR6 dediziert)
Arbeitsspeicher	16 GB DDR4
Betriebssystem	Windows 10 Home Version 22H2

3.3 Grundlagendaten

3.3.1 Untersuchungsgebiet

Das Untersuchungsgebiet für das ML-Modell befindet sich im Stadtteil Gievenbeck der Stadt Münster. Da das dortige Kanalnetz eine geringe Komplexität aufweist, eignet es sich gut zur Erprobung einer ML-gestützten Abflussvorhersage. Das Einzugsgebiet (EZG) in Gievenbeck hat eine Gesamtfläche von ca. 10 Hektar und entwässert den Niederschlagsabfluss in den Kinderbach nordöstlich des EZG. Das Gebiet ist mit mehr als 62 % größtenteils versiegelt und weist gleichzeitig ein geringes Gefälle auf. Da keine konkreten Angaben für die Flächenneigung vorliegen, wurden zwei Stichprobenmessungen auf Basis von Satellitendaten durchgeführt. Diese ergaben eine Neigung von 1,2 % und 0,3 % (s. Anhang 3).

Der Boden im Einzugsgebiet weist gemäß der Bodenkarte von Nordrhein-Westfalen BK50 (Geologischer Dienst NRW 2023, siehe Anhang 4) eine gesättigte Wasserleitfähigkeit (kf) von 21 cm/d auf. Die Flächendaten des Gebietes stammen aus der Datenbank der Stadt Münster und beinhalten sowohl die Gebietsgrenzen des EZG als auch die Teileinzugsgebiete (TEGs) aus einer Luftbildauswertung (Stadt Münster 2024). Jede Teilfläche der Luftbildauswertung ist einem Flächentyp zugeordnet und stellt die Grundlage für die Parametrisierung dar.

Für die Erstellung des Untersuchungsgebietes wurden die Gebietsgrenzen des EZG mit den neuen TEGs der Luftbildauswertung von Münster verschnitten. Dabei wurden alle Flächen der Luftbildauswertung mit einbezogen, die zu mehr als 50 % innerhalb der Gebietsgrenzen liegen. Für zwei Straßenabschnitte wurde eine händische Nachbearbeitung durchgeführt, da diese TEGs nicht genau genug unterteilt waren. Der Unterschied durch die händische Nachbearbeitung ist in Abbildung 3.2 dargestellt.

Abbildung 3.2 Darstellung der TEGs des EZG Gievenbeck vor Bearbeitung (links) und nach Bearbeitung (rechts)

In Tabelle 3.3 sind alle Flächentypen des resultierenden EZG aufgeführt sowie die jeweilige Anzahl an TEGs und deren summierte Fläche.

Tabelle 3.3 Zusammenfassung der Flächentypen (Stadt Münster 2024)

Flächentyp	Anzahl Flächen	Fläche [m^2]
Asphalt-, Betonflächen (keine Fugen)	31	11153
Baustelle	1	49
Flachdach	120	17949
Kies, Schotter	7	154
Pflaster, Platten (mit Fugen)	321	23230
Steildach	59	9672
Teilversiegelt	8	959
Unversiegelt	335	37099
Summe	**882**	**100266**

3.3.2   Niederschlagsdaten

Die Niederschlagsdaten stammen grundlegend aus zwei Quellen. **Aufgezeichnete Niederschlagsereignisse** werden genutzt, um das ML-Modell an realistischen Niederschlagsereignissen anzutrainieren. Da die realen Daten allerdings zu wenige Starkregenereignisse enthalten, werden zusätzlich auch **Modellregen** in das Training mit einbezogen, um eine gute Vorhersagequalität auch für Starkregenereignisse zu gewährleisten.

Aufgezeichnete Niederschlagsereignisse
Die aufgezeichneten Niederschlagsdaten stammen vom DWD und werden heruntergeladen mit dem Package „wetterdienst" (Gutzmann 2024), um eine Integration in das Python-Projekt zu ermöglichen. Die nächste Wetterstation des DWD für den Standort Gievenbeck ist die Station 1766 am Flughafen Münster/Osnabrück. Verwendet werden die Niederschlagsaufzeichnungen im Zeitraum zwischen 2014 und 2024 bei einer Auflösung von 5 Minuten. Eine Übersicht der Datengrundlage ist in Tabelle 3.4 dargestellt.

Tabelle 3.4 Datengrundlage für Niederschlag

Station	1766
Standort	Flughafen Münster/Osnabrück
Zeitraum	01.01.2014 – 01.01.2024
Messung	Niederschlag
Intervall	5-minütig
Datenquelle	DWD (2024)

Um geeignete Niederschlagsereignisse aus diesen Daten zu erlangen, werden Ereignisse mit dem Ereignisfilter „fever" (Leutnant 2020) herausgesucht. Dieser ermöglicht eine regelbasierte und automatisierte Erkennung von Ereignissen. Festgelegt werden bei Anwendung von „fever" hier folgende Regeln:

1. Ein Ereignis startet nur, sobald ein Niederschlag von mehr als 0,1 mm je 5 min überschritten wird.
2. Ein Ereignis muss mehr als 1 mm Niederschlaghöhe haben.
3. Ein Ereignis darf nur eine maximale Pause von 4 h aufweisen.

Insgesamt wurden basierend darauf 1255 Ereignisse erkannt, die als potenzielle Simulationsereignisse dienen können. Da eine solch hohe Anzahl an Ereignissen jedoch einen hohen Rechenaufwand für Simulation sowie Training zur Folge hätte, werden nur ausgewählte Ereignisse für die Simulation verwendet.

Die richtige Auswahlanzahl vor dem Training ist ungewiss und es wird daher als erster Anhaltswert eine Anzahl von 100 Ereignissen gewählt. Dieser wird als plausibel angesehen, da sich die Auswahl bei einem vergleichbaren Modell von Burrichter et al. (2024) mit 153 in einer ähnlichen Größenordnung bewegt und gute Ergebnisse erzielen konnte. Ziel bei dieser Auswahl ist es, ein möglichst breites Spektrum an Niederschlagsereignissen auszuwählen bei einer möglichst gleichmäßigen Verteilung (möglichst lineare Häufigkeitsverteilung, s. Abbildung 3.4).

Nach Henrichs (2015) ist die Auswahl anhand der zwei Eigenschaften Niederschlagshöhe hN und maximaler Niederschlagsintensität iN sinnvoll, da diese beiden Eigenschaften in hoher Korrelation zum Abfluss stehen. In der Arbeit von Henrichs (2015) werden dabei die Eigenschaften der Ereignisse in Ränge eingeteilt, welche dann für die Auswahl in einem Raster dienen.

In dieser Arbeit wird die Auswahl vereinfacht ausgeführt, ohne die Einteilung von Rängen, jedoch mit einer randomisierten Rasterauswahl. Da bei steigender Intensität und Niederschlagshöhe die Niederschlagsereignisse immer seltener werden, wie in Abbildung 3.3 zu beobachten ist, würde eine rein zufällige Auswahl kleine Niederschlagsereignisse überrepräsentieren. Um daher eine gute Verteilung anhand der zwei Parameter hN und iN zu erlangen, wird ein pragmatischer Ansatz verfolgt, der zum Teil eine zufällige sowie eine gezielte Auswahl beinhaltet. Das Vorgehen ist in zwei Schritte unterteilt:

1. Zunächst wird eine Grenze für hN und iN festgelegt, ab der alle Niederschlagsereignisse ausgewählt werden, um möglichst alle seltenen Starkregenereignisse mit einzubinden.
2. Danach werden 4 Raster aufgestellt, in denen jeweils eine zufällige Auswahl getroffen wird.

Dieses Vorgehen ist in Abbildung 3.3 grafisch dargestellt. Alle ausgewählten Ereignisse sind mit einem schwarzen „x" gekennzeichnet. Nach mehrfachen Versuchen haben sich die Raster aus Tabelle 3.5 als gut erwiesen, wobei diese Beurteilung rein visuell und subjektiv anhand der Abbildung 3.3 und Abbildung 3.4 getroffen wurde.

Tabelle 3.5 Auswahl der Niederschlagsereignisse

Auswahlbereich	Auswahlanzahl	Niederschlagshöhe hN [mm]	Maximale Niederschlagsintensität iN [mm/h]
Außerhalb des Rasters	43	< 20	< 48
Rasterzelle 1	14	0–7	0–12
Rasterzelle 2	14	7–20	0–12
Rasterzelle 3	14	7–20	12–48
Rasterzelle 4	15	0–7	12–48
Alle	**∑ 100**		

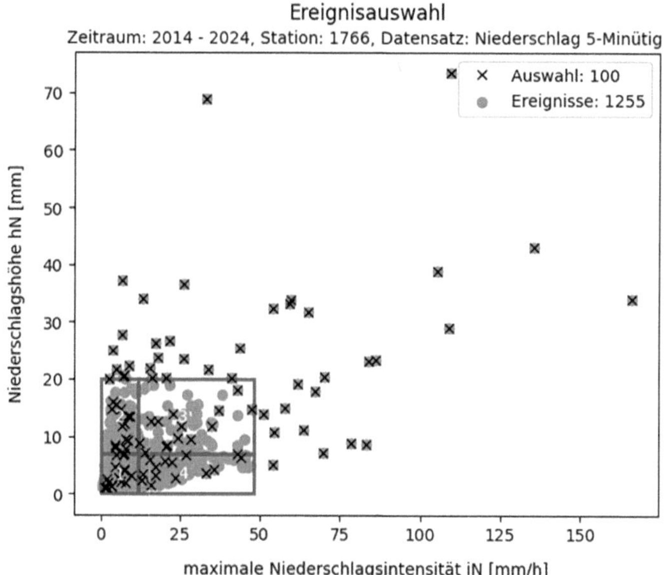

Abbildung 3.3 Auswahl der Niederschlagsereignisse anhand der Niederschlagshöhe sowie der maximalen Niederschlagsintensität

In Abbildung 3.4 fällt auf, dass der Verlauf der kumulativen Häufigkeit der ausgewählten Ereignisse deutlich flacher ausfällt, was der gewünschten gleichmäßigen Verteilung der Niederschlagsereignisse näherkommt. Es fällt auf, dass die letzten Ereignisse einen rasanten Anstieg der Niederschlagshöhe aufweisen. Diese ist jedoch nicht zu verhindern, da nur eine sehr geringe Anzahl an Ereignissen diese Niederschlagshöhen aufweisen und daher alle ausgewählt werden. Die ausgewählten 100 Ereignisse werden daher für das Training des ML-Modells mit aufgenommen.

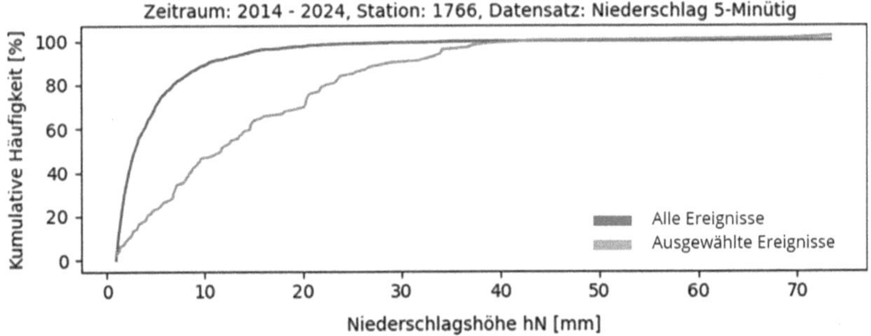

Abbildung 3.4 Kumulative Ereignishäufigkeit nach Niederschlagshöhe

Modellregen

Für die Modellregen werden die KOSTRA-Daten des DWD (2023) genutzt. Es handelt sich dabei um Rasterdaten, die Informationen zu Niederschlagshöhen und -spenden enthalten und von der Niederschlagsdauer D sowie der Jährlichkeit T abhängen. Die Kostra-Daten für den Standort Gievenbeck liegen bei Index_RC: 118111 (s. Anhang 5). Für die Umformung der Daten zu Modellregen wird der Euler Typ 2 verwendet, wie er nach (DWA-M 165 2021) erstellt wird. Genutzt wird dafür das Python-Package ehyd_tools (Markus Pichler 2022) um diesen Prozess zu automatisieren.

Die Auswahl der Kostra-Daten begrenzt sich dabei auf maximal 24h, um die Rechenzeiten für SWMM-Modell sowie ML-Modell zu entlasten. Zusätzlich müssen die Ereignisse mindestens eine Dauer von 15 min haben, da eine geringere Dauer zu Fehlern im Programm ehyd_tools führt. Somit wird jeder mögliche Modellregen zwischen einer Dauer von 15 min bis zu 1440 min, sowie einer maximalen Jährlichkeit von 100 betrachtet, was in Summe 126 Ereignisse ergibt.

Alle Niederschlagsereignisse

Werden nun alle Modellregen und die aufgezeichneten Niederschlagsereignisse zusammengelegt, so stehen 226 Ereignisse für die Entwicklung des Modells zur Verfügung. Diese decken zusammen Ereignisse mit Niederschlagshöhen von 1 mm bis 100 mm ab und erreichen maximale Niederschlagsintensitäten bis 220 mm/h. Die Niederschlagshöhe (hN) und maximale Niederschlagsintensität (iN) der einzelnen Ereignisse sind in Abbildung 3.5 abgebildet.

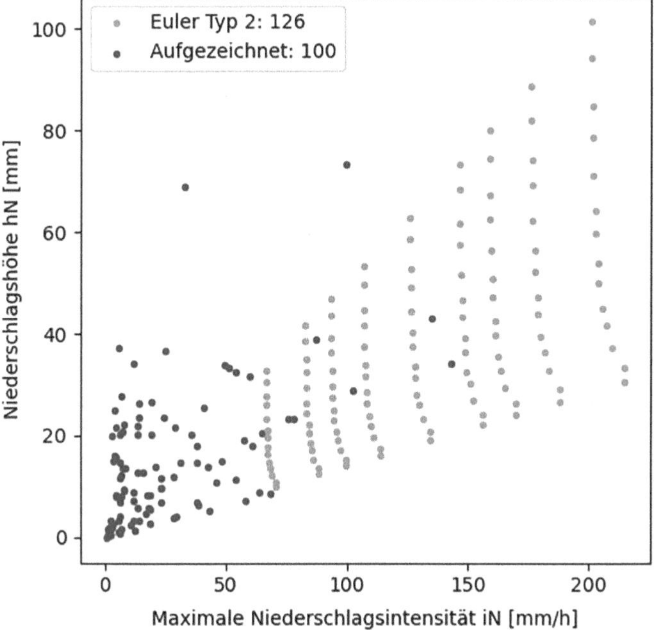

Abbildung 3.5 Darstellung aller betrachteten Niederschlagsereignisse anhand der maximalen Niederschlagsintensität und der Niederschlagshöhe

3.4   Aufbau des SWMM-Modells

Basierend auf den dargelegten Grundlagendaten wird das SWMM-Modell erstellt, welches alle Randbedingungen, TEGs (Teileinzugsgebiete) und das Kanalnetz umfasst. Dabei werden sowohl flächenspezifische als auch globale Parameter festgelegt, die als Basis für die Simulation jedes Ereignisses dienen und sich nicht verändern.

3.5   Flächenparameter

Die Flächenparametrisierung erfolgt vereinfacht, indem nur die Hauptflächentypen wie Asphalt, Flachdach usw. berücksichtigt werden. Die Subtypen werden daher nicht in Betracht gezogen. Für die Parametrisierung der TEGs werden folgende Parameter festgelegt nach Rossman (2015):

- Dstore_imperv: Muldenverluste befestigter Flächen in mm
- N_imperv: Mannings Rauheitsbeiwert der befestigten Flächenanteile
- Imperv: Versiegelungsgrad in %
- Percent Routed: Anteil des abgeleiteten Abflusses zu Subflächen in %

Die Parameter, die von der Stadt Münster (2024) zugeordnet wurden, sind nach Flächentyp aufgeschlüsselt in Tabelle 3.6 dargestellt. Dabei werden zur Vereinfachung die Werte für „Percent Routed" als Medianwerte angenommen, da dort Unterschiede in den Subtypen vorzufinden sind.

Tabelle 3.6   Flächenparameter nach Stadt Münster (2024)

Flächentyp	Dstore_imperv [mm]	N_imperv [-]	Imperv [%]	Percent Routed [%]
Asphalt-, Betonflächen (keine Fugen)	2,3	0,011	100	15
Baustelle	3,3	0,025	75	15
Flachdach	2	0,02	100	15
Kies, Schotter	2	0,03	50	50

(Fortsetzung)

Tabelle 3.6 (Fortsetzung)

Flächentyp	Dstore_imperv [mm]	N_imperv [-]	Imperv [%]	Percent Routed [%]
Pflaster, Platten (mit Fugen)	2,5	0,024	100	15
Steildach	0,2	0,02	100	0
Teilversiegelt	5	0,024	50	15
Unversiegelt	5	0,03	0	100

Bodenparameter

Für die Bodenparameter der Flächen werden die Werte „MaxRate", „MinRate", „Decay", „DryTime" und „MaxInfil" benötigt (Rossman 2015). Als relevant wird hier lediglich der Parameter „MaxRate" angesehen, welcher die maximale Infiltrationsrate angibt. Die restlichen Bodenparameter sind nicht als relevant zu sehen, da in der Betrachtung von Einzelereignissen von der Entwicklung der Versickerungsleistung kein signifikanter Einfluss erwartet wird. Die Bodenparameter werden demnach wie in Tabelle 3.7 festgelegt.

Tabelle 3.7 Bodenparameter aller Flächen

Parameter	Wert	Referenz
MaxRate	9 mm/h (21 cm/d)	s. Anhang 4 (Geologischer Dienst NRW 2023)
MinRate	9 mm/h	MaxRate
Decay	4 (1/h)	Standardwert (Rossman 2015)
DryTime	7 Tage	Standardwert (Rossman 2015)
MaxInfil	0	Standardwert (Rossman 2015)

Alle bisher nicht genannten Flächenparameter der TEGs gelten für alle Flächen gleichermaßen und sind im Anhang 6 dargestellt.

Globale Parameter

Zu den globalen Parametern der Simulation zählen die Evaporation sowie die grundlegenden Simulationseinstellungen. Diese gelten für jede Simulation gleichermaßen und sind im Anhang 7 dargelegt. Die Evaporation kann bei diesen Simulationen vernachlässigt werden, da nur Niederschlagsereignisse in einem sehr begrenzten Zeitraum betrachtet werden. Vereinfacht wurde daher ein konstanter Wert von

1,5 mm/d festgelegt, wobei Verdunstung nur stattfindet, wenn kein Niederschlag fällt (s. Anhang 8).

Erstellung der INP-Dateien

Um das Untersuchungsgebiet zu simulieren, wird eine INP-Datei erstellt, welche die Flächenparameter, Bodenparameter und globalen Parameter beinhaltet. Visualisiert ist das Modell mit seinen TEGS, Kanalhaltungen und dem Einleitpunkt in Abbildung 3.6.

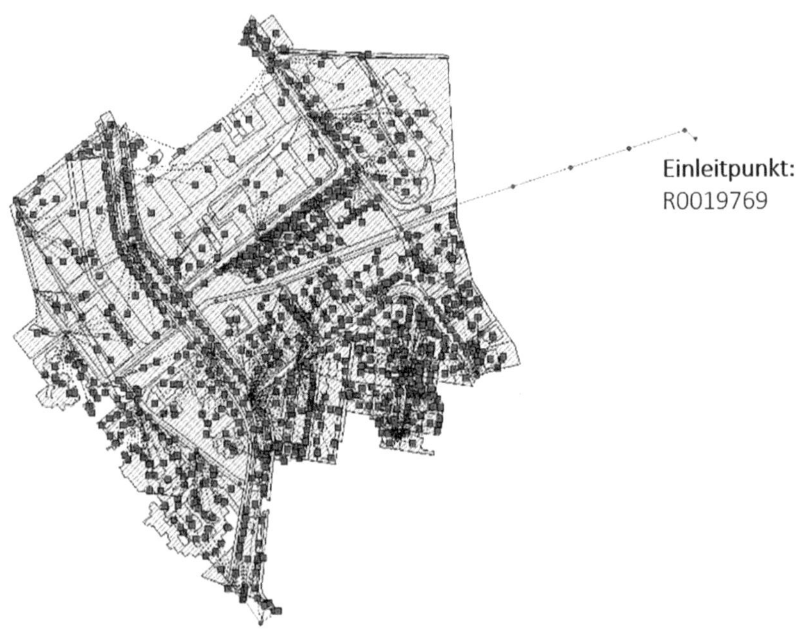

Abbildung 3.6 Darstellung des Untersuchungsgebietes im SWMM-Modell

Dadurch, dass jedes Niederschlagsereignis separat simuliert wird, ist es nötig, je Ereignis eine INP-Datei anzulegen. Dazu wird das erstellte Modell vervielfältigt und die Niederschlagsereignisse eingefügt. Darüber hinaus müssen auch die Simulationszeiträume festgelegt werden, bei denen beachtet werden muss, dass:

1. das Ereignis Vorlaufzeit hat, welche lediglich für die Datenstruktur und Sequenzerstellung nötig ist. Datensequenzen sollen dadurch bereits vor Start des

Ereignisses beginnen können. Verständlich ist dies, wenn die Erstellung von Sequenzen aus Abschnitt 3.6.4 betrachtet wird.

2. der Abfluss im Kanalnetz eine Nachlaufzeit hat, in der das Niederschlagsereignis ausklingen kann, bis dieses keinen Einfluss mehr auf den Abfluss hat.

Für die Vorlaufzeit wird eine Dauer von 2 h festgelegt, da diese einer Sequenzlänge des ML-Modells entspricht (s. Abschnitt 3.6.4). Die Nachlaufzeit wird ebenfalls auf 2 h festgelegt, um den Abfluss ausklingen zu lassen. Der Endzeitpunkt einer Simulation errechnet sich somit nach Gl. 3.1 und kann dann in die Inp-Dateien übertragen werden, spezifisch für jedes Niederschlagsereignis.

$$T_{ende} = T_{start} + T_{vor} + T_{nach} + T_{event} \qquad \text{(Gl. 3.1)}$$

$$
\begin{aligned}
\text{mit} \quad &T_{ende} &&\textit{Endzeitpunkt der Simulation in min} \\
&T_{start} &&\textit{Startzeitpunkt der Simulation in min} \\
&T_{vor} &&\textit{Vorlaufzeit in min} \\
&T_{nach} &&\textit{Nachlaufzeit in min} \\
&T_{event} &&\textit{Ereignisdauer in min}
\end{aligned}
$$

Nach der Übertragung aller genannten Parameter werden alle 226 Niederschlagsereignisse mit SWMM simuliert und die Simulationsergebnisse in weiteren Schritten verarbeitet.

3.6 Machine Learning

In diesem Kapitel werden grundlegende Methodiken und Vorgehensweisen im Bereich von ML dargelegt, welche bei allen Varianten bei der Herleitung des ML-Modells gleichbleiben. Wie in Abbildung 3.1 dargestellt beinhaltet ML die beiden Konfigurationsebenen Datenverarbeitung und Modellarchitektur, welche wiederum mehrere Methodiken umfassen. Für eine bessere Übersicht sind in Tabelle 3.8 alle Methodiken, die in diesem Kapitel aufgeführt werden, mit Angabe der betreffenden Konfigurationsebene zusammengefasst.

Tabelle 3.8 Übersicht der Methodiken für den Modellaufbau

Methodik	Konfigurationsebene	Kurzbeschreibung	Abschnitt
Auswahl des ML-Algorithmus	Modellarchitektur	Auswahl und Erläuterung des ML-Algorithmus	3.6.1
Reduzieren der Rohdaten	Datenverarbeitung	Auswahl und Anpassung nützlicher daten mithilfe eines Grenzwertes	3.6.2
Vorverarbeitung	Datenverarbeitung	Filtern, Merkmalsauswahl sowie Normalisierung in einen einheitlichen Wertebereich	3.6.3
Sequenzerstellung und Datenstruktur	Datenverarbeitung	Erstellung von Sequenzen als Eingabedaten für das LSTM-Netz	3.6.4
Validierung und Datenaufteilung	Datenverarbeitung	Aufteilung der Daten in Trainings- und Testdaten	3.6.5
Netzaufbau	Modellarchitektur	Aufbau des neuronalen Netzes	3.6.6
Optimierungsmethode	Modellarchitektur	Auswahl und Erläuterung der Optimierungsmethode	3.6.7
Verlustfunktion und Metriken	Modellarchitektur	Erläuterung der Verlustfunktionen MSE, MAE und RMSE	3.6.8
Training	Modellarchitektur	Durchführung eines Trainings	3.6.9

3.6.1 Auswahl des ML-Algorithmus

Entgegen der chronologischen Darstellung in Abbildung 3.1 ist es nötig, zunächst einen ML-Algorithmus auszuwählen. Für die weitere Vorgehensweise bei der Datenverarbeitung ist es essenziell zu wissen, mit welcher Datenstruktur der ML-Algorithmus arbeitet, um die Datenverarbeitung entsprechend aufzubauen.

Da Versuche mit verschiedenen Algorithmen den Bearbeitungsrahmen möglicherweise überschreiten, wird lediglich ein plausibler Algorithmus ausgewählt. Dazu dient die Arbeit von Sit et al. (2020), welche in einer Übersichtsarbeit Deep Learning Anwendungen in der Hydrologie und Wasserwirtschaft zusammengestellt haben. Dargestellt sind unterschiedlichste wissenschaftliche Arbeiten mit Angabe der verwendeten neuronalen Netze, sowie der Aufgabenbereiche, in denen diese verwendet wurden. Der Aufgabenbereich dieser Masterarbeit umfasst die Zeitreihen- oder auch Sequenzvorhersage (s. Abschnitt 3.1), welcher in der Arbeit von Sit et al. (2020) als „Sequence Prediction" aufgeführt wird. Für diesen Aufgabenbereich fällt auf, dass überwiegend der Netztyp „LSTM" genutzt wird und zudem als bester Netztyp in verschiedenen Vergleichen hervorging. Auf Basis dieser Erkenntnis wird das LSTM als maßgebender ML-Algorithmus ausgewählt.

LSTM

Entwickelt wurde das „Long Short-Term Memory" (LSTM) von Hochreiter und Schmidhuber (1997). Dabei soll nach Hochreiter und Schmidhuber (1997) das LSTM ein vorherrschendes Problem bei Recurrent Neural Networks (RNN) lösen, welche sehr ineffizient oder gar nicht erst anwendbar waren auf Problemstellungen, die längere Zeitverschiebungen beinhalten.

Das LSTM stellt dabei eine neue RNN-Architektur dar, die es ermöglicht, mehr als 1000 Zeitintervalle zu überbrücken für das sogenannte „Long-Term Memory" (dt. Langzeitgedächtnis). Gleichzeitig wird die Fähigkeit für ein „Short-Term Memory" (dt. Kurzzeitgedächtnis) im Algorithmus beibehalten, was dem Algorithmus seinen Namen „Long Short-Term Memory" gibt (Hochreiter und Schmidhuber 1997).

Um das LSTM nun in das Gesamtkonzept von neuronalen Netzen und Deep Learning einzuordnen, sind die Erläuterungen aus Abschnitt 2.2.4 nützlich. Noch einmal kurz zusammengefasst, werden beim Deep Learning neuronale Netze mit dem Verfahren der Backpropagation antrainiert, indem die Gewichtungen der Neuronen je nach entstandenem Vorhersagefehler angepasst werden. Ist nun von einem LSTM-Netz die Rede, sind diese Prinzipien dieselben, jedoch mit einer anderen Art von künstlichem Neuron. **Somit besteht ein LSTM-Netz aus Schichten mit LSTM-Neuronen**, und genau diese LSTM-Neuronen sind die Besonderheit. Die Funktionsweise lässt sich anhand der Abbildung 3.7 nach Kratzert et al. (2018) erläutern, welche der Notation nach Graves et al. (2013) folgt.

Abgebildet auf der linken Seite ist ein herkömmliches Neuron eines RNN. Dieses Neuron gibt für jede Berechnung nur einen Zellzustand h_t weiter, wohingegen beim LSTM ein weiterer Zellzustand c_t weitergegeben wird, der als sogenannte Gedächtniszelle dienen soll (Graves et al. 2013). Mit genau diesen Änderungen ist es möglich, dass sich das LSTM über viele Zeitschritte hinweg Datenzustände merken kann.

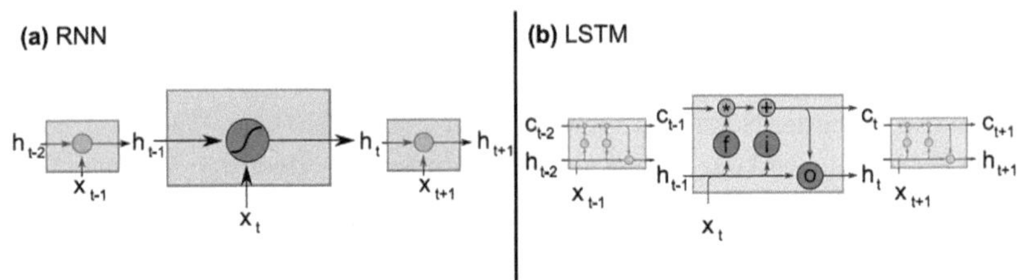

Abbildung 3.7 Gegenüberstellung eines RNN-Neurons (a) und LSTM-Neurons (b) (Kratzert et al. 2018)

3.6.2 Reduzieren der Rohdaten

Nachdem die SWMM-Simulationen finalisiert sind und der ML-Algorithmus festgelegt ist, geht es nun in die Datenverarbeitung. Dabei werden zunächst die Rohdaten aus den Simulationsergebnissen entnommen und für die Verarbeitung in den Folgeschritten vorbereitet und reduziert, um sie handlicher zu machen.

Zunächst muss vor dem Training die Zielvariable festgelegt werden, auf die das Modell angelernt werden soll. Hier wird der Durchfluss bei **Schacht R0019769** als Ziel festgelegt. Dieser ist der Einleitpunkt in den Kinderbach, wie in Abbildung 3.6 zu sehen ist. Für diesen Schacht liegen simulierte Daten in 1-Minuten-Intervallen vor, die für die weitere Verarbeitung genutzt werden. Um die Datenmenge zu reduzieren, werden alle Simulationsdaten als **5-minütige Durchschnittswerte** dargestellt. Dies orientiert sich an der typischen Intervalllänge für Niederschlagsereignisse in der Simulation, wie sie auch im DWA-M 165 (2021) verwendet werden. Dadurch wird das Datenaufkommen um 80 % verringert, wodurch das Training deutlich schneller durchgeführt werden kann.

Wie in Abschnitt 3.4 beschrieben wurden den Simulationen zusätzlich Vorlaufsowie Nachlaufzeiten gegeben, um sicherzustellen, dass alle relevanten Werte erfasst werden können. Da die Nachlaufzeit mit 2 h großzügig gewählt ist, befinden sich in den Rohdaten viele Datenpunkte, die von geringer Relevanz sind und kaum noch Auswirkung auf das ML haben. Aus diesem Grund werden die Rohdaten auf Zeitfenster gestutzt, in denen noch ein relevanter Abfluss zu verzeichnen ist. Dadurch wird der Informationsgehalt des Datensatzes beibehalten und gleichzeitig die Datenmenge weiter verringert. Festgelegt wird der relevante Abfluss wie folgt:

Um zu ermöglichen, dass zukünftig verschiedenste Simulationsmodelle und Parameter berücksichtigt werden können, wird ein regelbasiertes Verfahren erstellt. Dabei wird ein Grenzwertmultiplikator TR_{grenz} zwischen 0 und 1 festgelegt, mithilfe dessen der Grenzwert y_{grenz} für den minimalen Abfluss errechnet werden kann. Dabei ist y_{grenz} das Produkt aus dem Maximum aller Wahrheitswerte $y_{e,t}$ des Abflusses und TR_{grenz}. Zusätzlich gilt zu beachten, dass eine Kürzung nur vorgenommen wird bei Zeitschritten, die zeitlich nach einem Niederschlagsereignis auftreten. Die resultierende Berechnung ist in Gl. 3.2 dargestellt.

$$y_{grenz} = \begin{cases} \max(y_{e,1}, y_{e,2}, \ldots, y_{e,t}) \times TR_{grenz} & \text{für } t > t_{event,ende} \\ 0 & \text{für } t < t_{event,ende} \end{cases} \quad \text{(Gl. 3.2)}$$

$$\text{mit} \quad y_{e,t} \quad \text{Wahrheitswert von Ereignis e bei Zeitschritt } t$$

$$TR_{grenz} \quad \text{Grenzwertmultiplikator}$$

$$y_{grenz} \quad \text{Grenzwert}$$

$$t \quad \text{Zeitschritt}$$

$$t_{event,ende} \quad \text{Letzter Zeitschritt eines Niederschlagereignisses}$$

Ist der Grenzwert y_{grenz} festgelegt, so muss jeder Zielwert $y_{i,t}$ einer Zielvariable größer als y_{grenz} sein, um in den Datensatz aufgenommen zu werden (s. Gl. 3.3).

$$y_{e,t} > y_{grenz} \quad \text{(Gl. 3.3)}$$

$$\text{mit} \quad y_{e,t} \quad \text{Zielwert von Ereignis e bei Zeitschritt } t$$

$$y_{grenz} \quad \text{Grenzwert}$$

Grafisch dargestellt ist das Vorgehen bei der Kürzung der Daten in Abbildung 3.8.

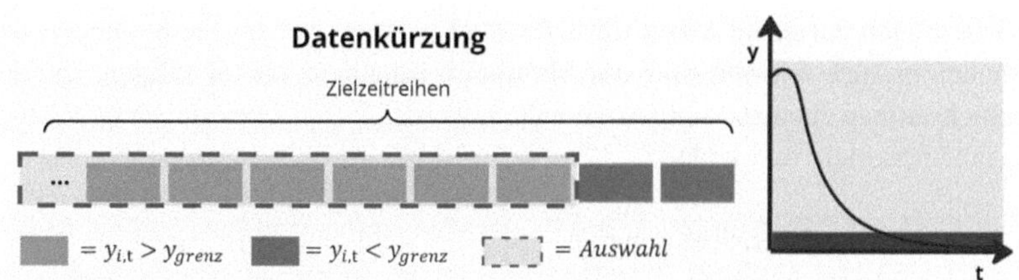

Abbildung 3.8 Darstellung der Datenkürzung für die Datenvorbereitung

In der Bearbeitung dieser Masterarbeit wird der Grenzwertmultiplikator T_{grenz} = **0,01** gesetzt, was bedeutet, dass der Grenzwert bei **1 % des Maximalabflusses** am betrachteten Schacht liegt.

3.6.3 Vorverarbeitung der Daten

Nach Bishop (1995) hat die Vorverarbeitung der Daten einen signifikanten Einfluss auf die Generalisierungsleistung von Modellen und beschreibt, dass dieser Bearbeitungsschritt nahezu immer vorteilhaft ist. Aus diesem Grund wird auch hier eine Vorverarbeitung angewandt.

Bei der Durchführung einer solchen Vorverarbeitung werden grundlegend zwei Dinge wichtig:

1. Die **Merkmalsauswahl**
2. Die **Transformation** der Merkmale.

Merkmalsauswahl

In der Merkmalsauswahl werden Merkmal ausgewählt oder aus den vorliegenden Daten abgeleitet, von denen Ausgegangen wird, dass sie für den ML-Algorithmus nützliche Informationen für eine Vorhersage beinhalten (Bishop 1995). Diese können beispielsweise Niederschlagsdaten sein, die wiederum in unterschiedlichsten Formen vorkommen können. So besteht die Möglichkeit, dass der Niederschlag als Intensität, Niederschlagshöhe oder kumuliert Niederschlag dargestellt werden kann. Für jeden Anwendungsfall muss daher konkret überlegt werden, welche Daten welchen Informationsgehalt liefern und inwiefern Daten korrelieren und gleiche Information beinhalten. Hierbei ist zu beachten, dass jedes zusätzliche Merkmal mehr Komplexität in das ML-Modell bringt und eine längere Trainingszeit nach sich ziehen kann. Bishop (1995) empfiehlt daher, die Auswahl an Eingabedaten möglichst zu reduzieren.

Übertragen auf diese Arbeit muss überlegt werden, welche Merkmale aus den Simulationsdaten relevant sind, um Abfluss im Kanalnetz vorherzusagen. Um den Versuchsaufbau zunächst schlank zu halten, werden initial zwei vielversprechende Eingabemerkmale verwendet.

1. **Niederschlagsintensität** in mm/h
2. **Ereignisdauer** in min

Die Niederschlagsintensität wird als primäre Informationsgrundlage für die Abflussvorhersage gesehen, und hinzu kommt die Ereignisdauer, von der ausgegangen wird, dass dadurch Prozesse wie Interzeptions- sowie Muldenverluste besser abgebildet werden können. Die ersten Modellvarianten werden zunächst nur mit diesen Merkmalen trainiert und im späteren Verlauf der Entwicklung ergänzt durch andere Eingabemerkmale (s. Kapitel 4).

Transformation

Damit das Programm Keras (Chollet et al. 2015) mit den Daten arbeiten kann, wird ebenfalls eine Transformation mittels Normalisierung vorgenommen, die die Daten in den Wertebereich zwischen 0 und 1 skalieren soll. Normalisiert werden dabei sowohl Eingabedaten als auch Ausgabedaten, wobei jede Zeitreihe für sich betrachtet, normalisiert werden muss. Verwendet wird hierfür die Funktion „minmaxscaler" des Python-Packages „scikit-learn" (Pedregosa et al. 2011). Die Berechnung erfolgt nach Gl. 3.4.

$$x_i = (x_{i,raw} - x_{min,raw})/(x_{max,raw} - x_{min,raw}) \qquad \text{(Gl. 3.4)}$$

$$\begin{aligned}
\text{mit} \quad & x_i && \textit{Wert normalisiert} \\
& x_{i,raw} && \textit{Wert roh} \\
& x_{min,raw} && \textit{Minimalwert roh} \\
& x_{max,raw} && \textit{Maximalwert roh}
\end{aligned}$$

Dadurch, dass Daten normalisiert werden, werden die Daten wiederum auch von dem neuronalen Netz in normalisierter Form ausgegeben. Dies erfordert eine Umkehrung der Transformation in den ursprünglichen Wertebereich. Diese wird wiederum mit „scikit-learn" vollzogen, entsprechend der Gl. 3.5.

$$x_{i,raw} = x_i \times (x_{max,raw} - x_{min,raw}) + x_{min,raw} \qquad \text{(Gl. 3.5)}$$

$$\begin{aligned}
\text{mit} \quad & x_i && \textit{Wert normalisiert} \\
& x_{i,raw} && \textit{Wert roh} \\
& x_{min,raw} && \textit{Minimalwert roh} \\
& x_{max,raw} && \textit{Maximalwert roh}
\end{aligned}$$

3.6.4 Sequenzerstellung und Datenstruktur

Nachdem die Merkmale erstellt sind und die entsprechenden Daten transformiert sind, müssen diese in ein bestimmtes Format gebracht werden, sodass ein LSTM-Netz darauf antrainiert werden kann. Grundlegend wird dabei von der Erstellung von Sequenzen (Cerulli 2023) oder auch Fenstern (Abadi et al. 2015) gesprochen, welche eine Portionierte Form der Daten darstellt. Bezogen auf eine Abflussvorhersage stellt eine Eingabesequenz einen Ausschnitt einer Niederschlagszeitreihe dar, auf dessen Basis das ML-Modell versucht, eine Vorhersage zu tätigen. Gegenüber stehen dem die Ausgabesequenzen, um die Vorhersage korrigieren zu können. Die Erstellung der Sequenzen muss daher systematisch ablaufen, um für jede Eingabesequenz gleichzeitig eine zugehörige Ausgabesequenz zu ermitteln. Festgelegt werden müssen dafür 3 Werte, die eine Sequenzerstellung beschreiben. Hierbei handelt es sich um:

1. Eingabelänge: Die Länge der Eingabesequenz
2. Ausgabelänge: Die Länge der Ausgabesequenz
3. Überschneidung: Überschneidung der Eingabe- und Ausgabesequenz

Verwendet wird hier das Vorgehen aus der Tensorflow-Dokumentation (Abadi et al. 2015), jedoch wird dort die Überschneidung anders festgelegt. Die Überschneidung wird hier von Eingabeende bis Ausgabeanfang angesetzt, wobei das Resultat das Gleiche bleibt.

Das Prinzip der Sequenzerstellung ist in Abbildung 3.9 dargestellt und zeigt, wie sukzessiv über die Zeitreihen hinweg die Sequenzen erstellt werden. Unten in der Abbildung ist ebenfalls, gezeigt wie ein Sequenzpaar (Eingabe- und Ausgabesequenz) mithilfe der Eingabelänge, Ausgabelänge und Überschneidung beschrieben wird.

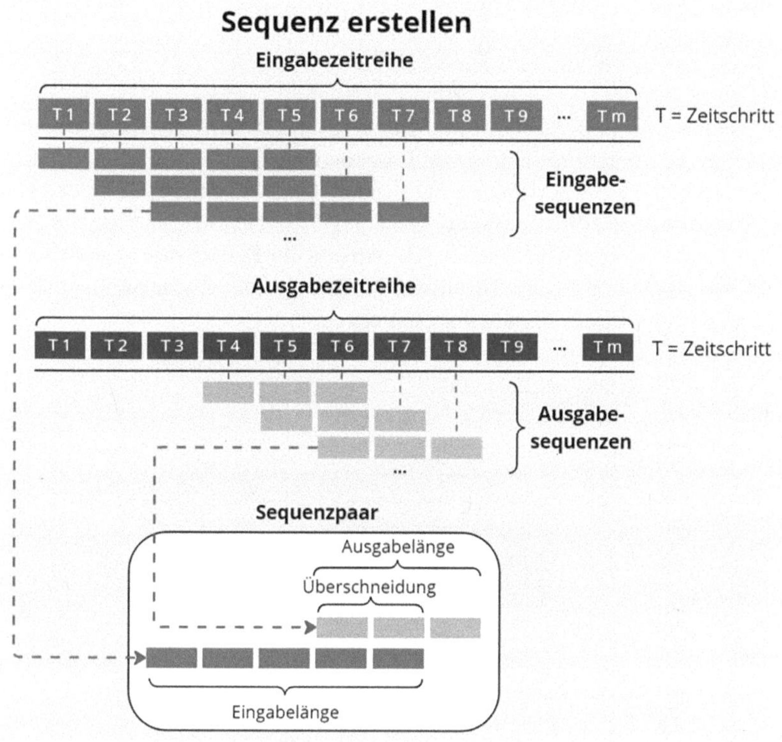

Abbildung 3.9 Vorgehensweise bei der Sequenzerstellung

In dieser Arbeit wird eine Abflussvorhersage mit einem Vorhersagehorizont von 1 h betrachtet. Die Eingabedaten umfassen dabei 1 h vergangenen Niederschlag, sowie 1 h Niederschlagsvorhersage. Die Zeitschritte sind dabei 5-minütig getaktet. Da die Abflussvorhersage und die Niederschlagsvorhersage sich im gleichen Zeitraum befinden, wird eine Überschneidung von 1 h festgelegt. Übertragen auf Eingabelänge, Ausgabelänge und Überschneidung, ergibt sich folgende Spezifikation der Sequenzen:

1. Eingabelänge: 2×60 min / 5 min $=$ 24 Zeitschritte
2. Ausgabelänge: 60 min / 5 min $=$ 12 Zeitschritte
3. Überschneidung:60 min / 5 min $=$ 12 Zeitschritte

Die Erstellung der Sequenzen wird für alle Eingabezeitreihen und Ausgabezeitreihen angewandt, welche dann zu einem **Eingabetensor** und einem **Ausgabetensor** zusammengefügt werden, damit sie in das neuronale Netz übergeben werden können. Der Aufbau eines Tensors ist in Abbildung 3.10 dargestellt und besteht aus 3 Dimensionen. Die erste Dimension ist die **Anzahl der Zeitschritte** einer Sequenz, die zweite Dimension ist die **Anzahl der Merkmale oder Zielvariablen** und die dritte Dimension ist die **Anzahl der Sequenzen**.

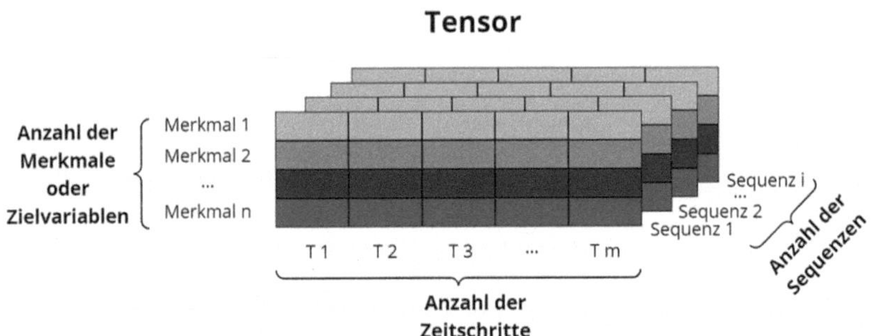

Abbildung 3.10   Zusammenfügen der Sequenzen zu einem Tensor

3.6.5   Validierung und Datenaufteilung

Als Nächstes folgt die Auswahl der Methode für die Validierung, die auch das Vorgehen bei der Datenaufteilung bestimmt. Bezeichnet werden Validierungsmethoden auch als „Resampling Methods" (James et al. 2013), genutzt wird hier jedoch der Begriff „Validierung", wie er auch von Goodfellow et al. (2018) und Matzka (2021) verwendet wird.

Die Validierung ist ein wertvolles Werkzeug, welches genutzt wird, um zusätzliche Informationen bei dem Training des Modells zu erhalten. Dabei gibt es verschiedene Methoden, wie der Datensatz aufgeteilt werden kann. Trainiert wird das ML-Modell mit Trainingsdaten, welche anschließend anhand von Validierungsdaten überprüft werden. Dadurch lässt sich ableiten, wie gut ein ML-Modell bei unbekannten Daten abschneidet bzw. wie gut es generalisiert (Matzka 2021). Verhindern soll die Validierung bei der Erstellung von ML-Modellen grundlegend zwei Probleme, die auftreten können:

Eines davon ist die **Überanpassung**, bei der ein Modell gute Ergebnisse für den Trainingsdatensatz ausgibt, jedoch bei der Validierung oder dem Test diese nicht erreichen kann (Matzka 2021). Grund kann hierfür ein zu komplexes Modell sein für eine zu einfache oder auch eine unvorteilhafte Verteilung der Datensätze. Das zweite Problem ist die **Unteranpassung**, welche sehr trivial bedeutet, dass ein Modell nicht ausreichend optimiert ist, um gute Ergebnisse zu erzielen und tritt daher häufig in der frühen Phase der Entwicklung auf (Matzka 2021).

Testdatensatz

Eine übliche Vorgehensweise ist es, die Daten in Trainingss, Validierungs- und Testdatensatz einzuteilen, wobei der Testdatensatz als letzte Überprüfung genutzt wird, um sicherzustellen, dass das Modell gut generalisiert. Von einer guten Generalisierung spricht man, wenn ein Modell auch bei unbekannten Daten ähnlich bis gleich gute Ergebnisse wie im Training erbringt. Der Nachteil bei einer solchen Aufteilung ist jedoch, dass nicht alle Datenpunkte im Training angewandt werden und durch eine einmalige zufällige Aufteilung es wahrscheinlicher ist, dass Datensätze vermehrt günstige oder ungünstige Datenpunkte beinhalten können (Matzka 2021).

K-Fache Kreuzvalidierung

Eine mögliche Lösung dafür ist die K-Fache Kreuzvalidierung. Damit wird der Datensatz in K Teile unterteilt und in mehreren Trainingsdurchläufen mit jeweils einem anderen Teil des Datensatzes validiert. Mit diesem Vorgehen lässt sich weitestgehend ausschließen, dass sich ungünstige Datenpunkte häufen und bewerten, wie gut und zuverlässig das Modell bei verschiedenen Datenaufteilungen generalisiert (James et al. 2013; Matzka 2021). Nachteil hierbei ist jedoch, dass durch mehrfaches Training des Modells ein deutlich erhöhter Rechenaufwand nötig ist. Dies gilt es abzuwägen.

Datenaufteilung

In dieser Arbeit werden sowohl der Testdatensatz als auch die K-Fache Kreuzvalidierung eingesetzt, um zunächst jede Modellvariante auf Generalisierung mit verschiedenen Aufteilungen zu überprüfen und mithilfe des Testdatensatzes dann die Modellvarianten direkt zu vergleichen. Genutzt wird die 5-Fache Kreuzvalidierung, wie sie auch von Matzka (2021) angewandt wird. Aufgeteilt werden damit die Daten zunächst in Trainings- und Testdatensatz und wiederum der Trainingsdatensatz in 5 weitere Teile für die Kreuzvalidierung. Die Aufteilung ist dargestellt in Abbildung 3.11, bei welcher 10 % der Daten für den Testdatensatz reserviert werden.

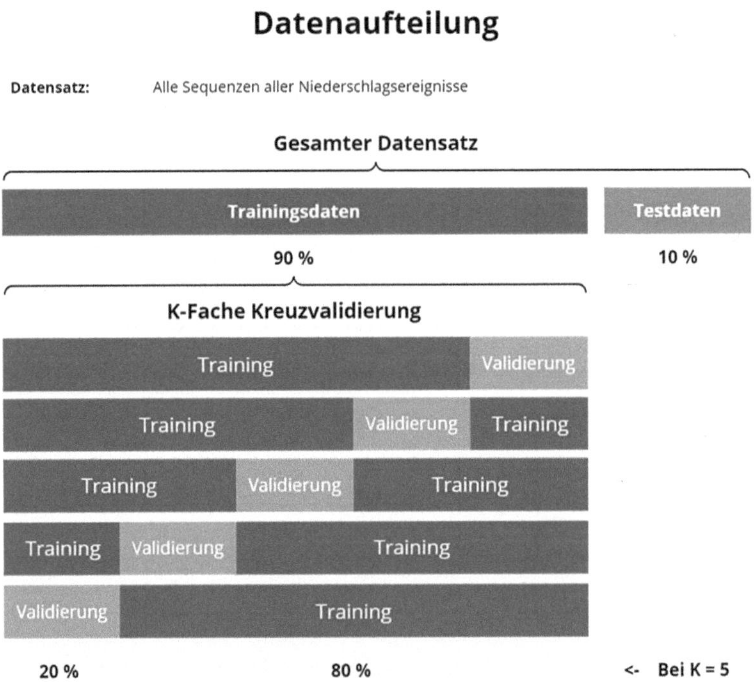

Abbildung 3.11 Darstellung der Datenaufteilung

Zu beachten bei der Datenaufteilung ist, wie die Daten jeweils ausgewählt werden für Trainings-, Validierungs- und Testdatensatz. Dadurch, dass hier zusammenhängende Niederschlagsereignisse bestehen, dürfen die Sequenzen eines Ereignisses nicht in verschiedene Datensätze verteilt werden. Dies hat den einfachen Grund, dass sich die Sequenzen zu großen Teilen überschneiden und gleich Datenpunkte beinhalten. Würde nun eine Sequenz eines Ereignisses in den Trainingsdaten und eine andere in den Testdaten auftauchen, so sind dem Modell Teile der Testdaten bereits bekannt und verfälschen die Validierung. Passiert das, so handelt es sich um ein Datenleck und aus diesem Grund müssen immer Sequenzen als zusammenhängendes Ereignis in einen Datensatz aufgenommen werden. Verdeutlicht wird das Problem in Abbildung 3.12.

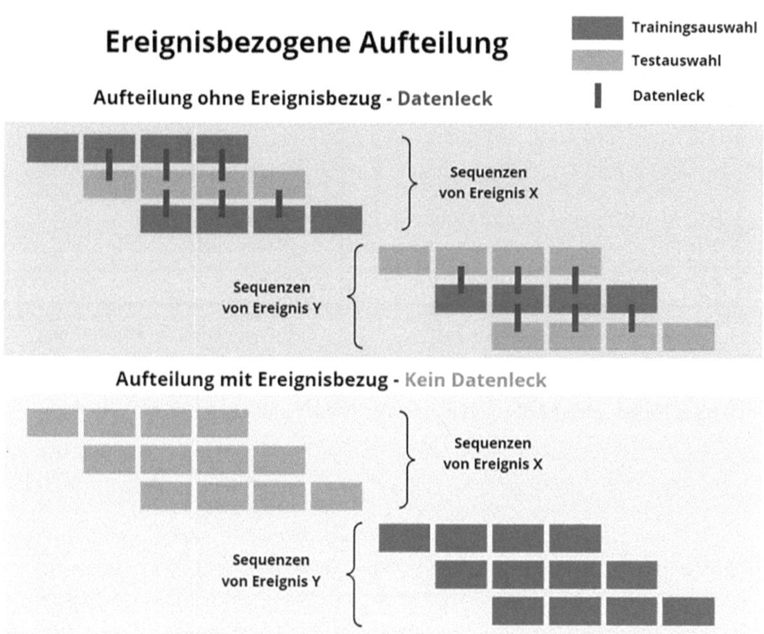

Abbildung 3.12 Vergleich der Sequenzaufteilung mit und ohne Ereignisbezug

Für die Umsetzung der ereignisbezogenen Auswahl der Sequenzen, wurden die Ereignisse den 90 % Trainingsdaten und 10 % Testdaten zufällig zugeordnet. Zu den Trainingsereignissen zählen 114 Modellregen und 89 aufgezeichnete Niederschlagsereignisse. Den Testereignissen wiederum zugeordnet sind 12 Modellregeln sowie 11 aufgezeichnete Niederschlagsereignisse. Diese Aufteilung wird für alle Modellvarianten übernommen und bleibt über die gesamte Entwicklung hinweg bestehen. Dargestellt ist dies in Abbildung 3.13. Das gleiche Prinzip wird auch auf die Trainingsdaten angewandt, um diese in fünf Teile einzuteilen für die Kreuzvalidierung. Daraus resultieren die Aufteilungen aus Abbildung 3.14.

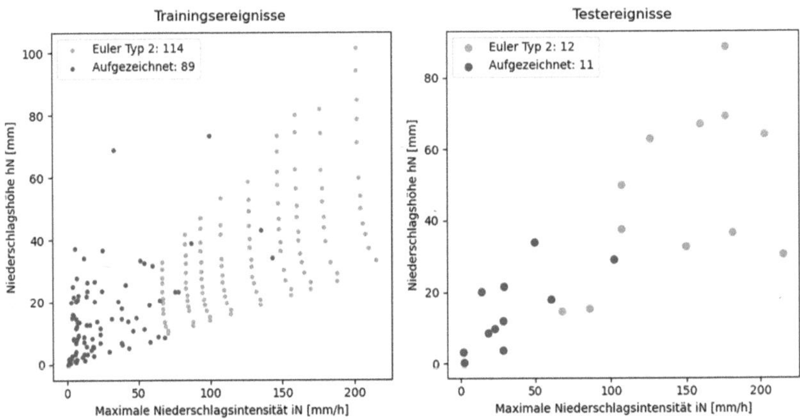

Abbildung 3.13 Darstellung der Trainingsereignisse (links) und der Testereignisse (rechts) nach Niederschlagshöhe und maximaler Niederschlagsintensität

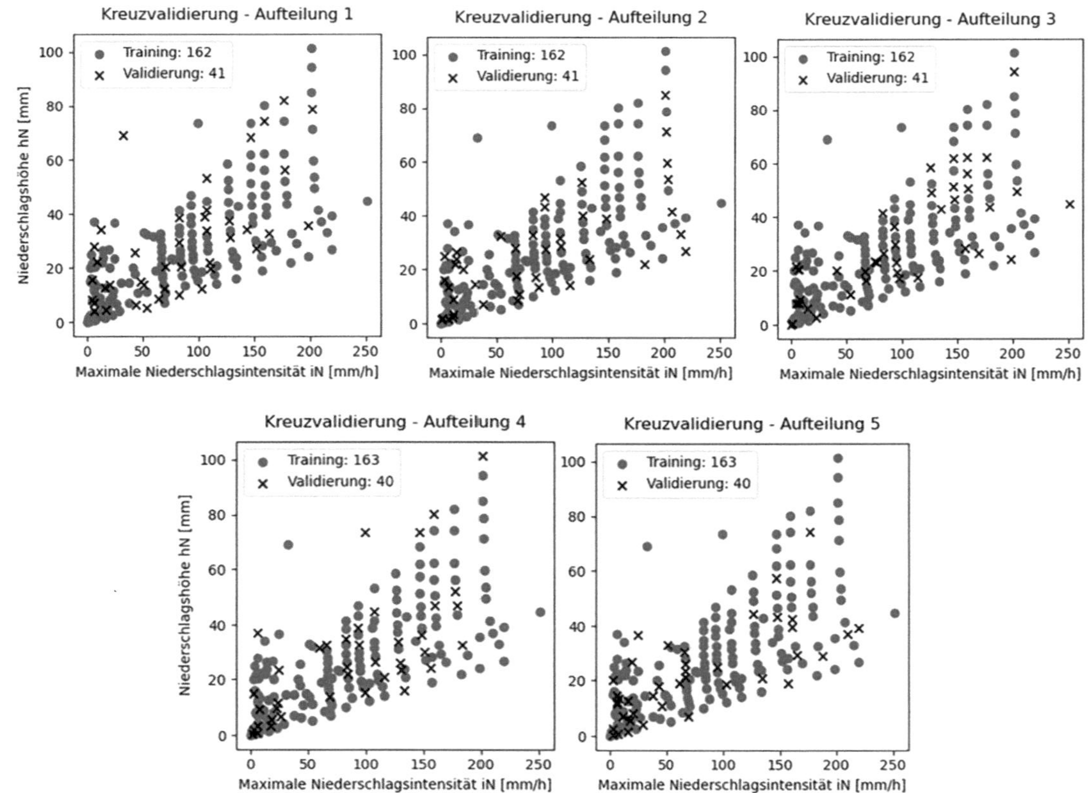

Abbildung 3.14 Aufteilung der Niederschlagsereignisse nach Niederschlagshöhe und maximaler Niederschlagsintensität für die Kreuzvalidierung

3.6.6   Netzaufbau

Im nächsten Schritt muss der Aufbau des neuronalen Netzes festgelegt werden. Dies wird mithilfe von Keras (Chollet et al. 2015) definiert, welches auf Basis von TensorFlow (Abadi et al. 2015) ein Baukastensystem für verschiedenste neuronale Netze bietet. Die Auswahl von Keras und Tensorflow und deren Zusammenspiel wurden in Abschnitt 3.2.4 näher erläutert.

Bei dem Aufbau eines neuronalen Netzes stehen viele Möglichkeiten zur Verfügung, weshalb nur auf Essenzielles eingegangen wird. Wie bereits in Abschnitt 2.2.4 erläutert, bestehen neuronale Netze aus Eingabeschichten, verborgenen Schichten und Ausgabeschichten.

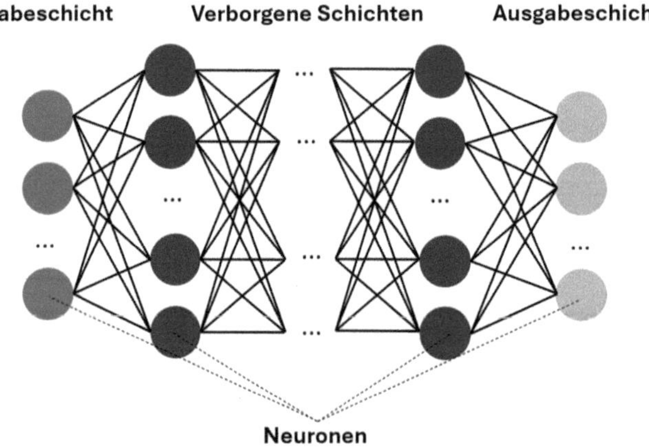

Abbildung 3.15 Darstellung eines vereinfachten neuronalen Netzes

In Abbildung 3.15 ist ein vereinfachtes, linear aufgebautes Netz dargestellt, in dem es eine Eingabeschicht, mehrere verborgene Schichten und eine Ausgabeschicht gibt. Jedoch lassen sich diese Netze je nach Anforderung weitaus komplexer gestalten.

Da in dieser Arbeit hauptsächlich der Abfluss in nur **einem Schacht** betrachtet wird, ist ein solcher Aufbau zunächst ausreichend, denn je Schacht wird nur **eine Ausgabeschicht** benötigt. Als initiales Netz wird die einfachste Variante eines linearen Netzes aufgestellt, mit nur **einer verborgenen Schicht** und **32 Neuronen**. Die Anzahl 32 ist dabei nur eine erste mögliche Anzahl an Neuronen, die festgelegt wird. Im Kapitel 4 werden noch weitere Neuronenanzahlen untersucht.

Der schematische Aufbau eines Netzes in Keras ist in Abbildung 3.16 aufgeführt. Jeder Kasten stellt dabei eine Neuronenschicht dar, samt Angabe des Schichttypen und der Datenform, die eine Schicht ausgibt.

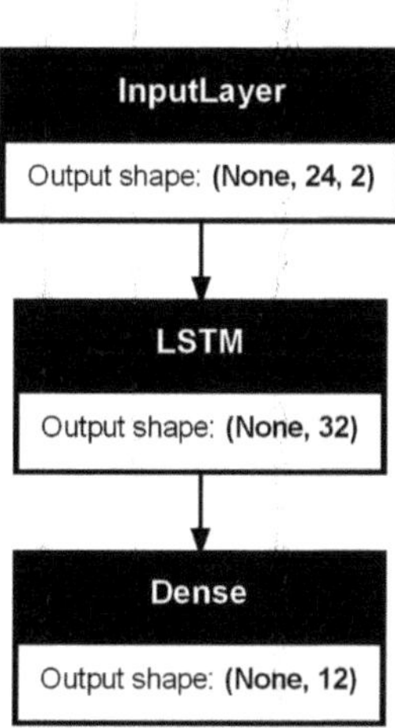

Abbildung 3.16 Aufbau des initialen neuronalen Netzes in Keras

Folgendes bedeuten die Komponenten in Abbildung 3.16:

Input Layer

In die Eingabeschicht (Input Layer) werden die Eingabesequenzen in Form eines Tensors eingespeist, welche jeweils 24 Zeitschritte mit den zwei Eingabemerkmalen Dauer [min] und Niederschlagsintensität [mm/h] umfassen. Dadurch entsteht die Datenform (Output shape) die 24-mal jeweils zwei Datenpunkte beinhaltet.

LSTM

Die Daten werden von der Eingabeschicht nun weitergegeben in die LSTM-Schicht, welche die Sequenzen verarbeitet. Da die LSTM-Schicht 32 Neuronen besitzt, wird ein eindimensionaler Vektor mit 32 Datenpunkten ausgegeben.

Dense

Die Ausgabe aus der LSTM-Schicht wird final verarbeitet in der Ausgabeschicht (Dense), die die Werte des LSTM umrechnet und die gewünschten 12 Zeitschritte des Abflusses ausgibt.

3.6.7   Optimierungsmethode des Neuronalen Netzes

Weitergehend wird es nötig sein, eine Optimierungsmethode festzulegen, um die Neuronen im neuronalen Netz zu optimieren. Anders ausgedrückt, spricht man hier auch vom Training, bei dem die Modellgewichte mittels einer solchen Optimierungsmethode angepasst werden. Als Anhaltspunkt für die Wahl einer Optimierungsmethode dient die Arbeit von Burrichter et al. (2024), in der das LSTM mit der Adam-Optimierungsmethode trainiert wurde.

Adam steht für „Adaptive Moment Estimation" und wurde speziell für das Training von ML-Modellen entwickelt. Dabei kombiniert es die Vorteile zweier anderer Optimierungsmethoden: AdaGrad und RMSProp (Kingma und Ba 2017). Auch die Optimierungsmethode bietet viele Möglichkeiten zur Parametrisierung, jedoch wird hier die standardmäßige Parametrisierung von Keras übernommen.

3.6.8   Verlustfunktion und Metriken

Maßgeblichen Einfluss auf die Optimierungsmethode hat die Verlustfunktion (engl. loss function). Diese misst, wie gut das ML-Modell während des Trainings abschneidet, indem sie die Abweichung zwischen den vorhergesagten Werten und den tatsächlichen Werten berechnet. Diese Funktion ist entscheidend, da sie dem Optimierungsalgorithmus Rückmeldung gibt, wie er die Modellparameter anzupassen hat, um die Genauigkeit zu verbessern (Goodfellow et al. 2018).

Zu den gängigen Verlustfunktionen für Regressionsprobleme gehören der Mittlerer Quadratischer Fehler – *MSE* (engl. Mean Squared Error), der mittlere absolute Fehler – *MAE* (engl. Mean Absolute Error) sowie die Wurzel der mittleren Fehlerquadratsumme – *RMSE* (engl. Root Mean Squared Error) (Ciampiconi et al. 2023).

Mittlere Quadratischer Fehler – MSE
Der mittlere quadratische Fehler – MSE (engl. Mean Squared Error) misst den durchschnittlichen quadratischen Fehler zwischen den vorhergesagten Werten und den tatsächlichen Werten. Die Berechnung erfolgt, indem zunächst die Differenzen der Werte quadriert werden, um negative Werte zu eliminieren, und dann der Durchschnitt dieser quadrierten Fehler gebildet wird (Ciampiconi et al. 2023) (s. Gl. 3.6). Grundlegend zeichnet sich diese Metrik dadurch aus, große Fehler stärker zu gewichten, jedoch sensibel gegen Ausreißer zu sein.

$$\text{MSE}(y, \hat{y}) = \frac{1}{n} \sum\nolimits_{i=1}^{n} (y_i - \hat{y}_i)^2 \qquad \text{(Gl. 3.6)}$$

$$mit \quad n \quad Anzahl\ aller\ Wertepaare$$
$$\hat{y}_i \quad Vorhergesagter\ Wert$$
$$y_i \quad Wahrer\ Wert$$

Mittlerer Absoluter Fehler – MAE

Der Mittlere Absolute Fehler – MAE (engl. Mean Absolute Error) ist eine weitere grundlegende Verlustfunktion für die Regression, die die durchschnittliche absolute Differenz zwischen den tatsächlichen Werten und den Vorhersagen misst. Im Gegensatz zum MSE ist der MAE weniger anfällig für Ausreißer, da er keine Quadrierung der Fehler vornimmt (Ciampiconi et al. 2023) (s. Gl. 3.7).

$$\text{MAE}\,(y, \hat{y}) = \frac{1}{n} \sum\nolimits_{i=1}^{n} |y_i - \hat{y}_i| \qquad \text{(Gl. 3.7)}$$

$$mit \quad n \quad Anzahl\ aller\ Wertepaare$$
$$\hat{y}_i \quad Vorhergesagter\ Wert$$
$$y_i \quad Wahrer\ Wert$$

Wurzel der mittleren Fehlerquadratsumme – RMSE

Die Wurzel der mittleren Fehlerquadratsumme – RMSE (engl. Mean Absolute Error) ist eine Variante des MSE, bei der zusätzlich die Quadratwurzel gezogen wird, um die Einheiten und Skala der Zielvariablen zu erlangen (Ciampiconi et al. 2023), was nützlich für die Interpretation dieses Wertes sein kann.

$$\text{RMSE}(y, \hat{y}) = \sqrt{\frac{1}{n} \sum\nolimits_{i=1}^{n} (y_i - \hat{y}_i)^2} \qquad \text{(Gl. 3.8)}$$

$$mit \quad n \quad Anzahl\ aller\ Wertepaare$$
$$\hat{y}_i \quad Vorhergesagter\ Wert$$
$$y_i \quad Wahrer\ Wert$$

Alle drei Metriken MSE, MAE und RMSE bewegen sich stets in einem positiven Wertebereich und grundlegend gilt:

- **Ein geringerer Wert ist besser.**

In Tabelle 3.9 sind die Modellmetriken samt ihren Eigenschaften noch einmal zusammengefasst.

Tabelle 3.9 Überblick Modellmetriken

Name	Kürzel	Einheit	Eigenschaft
Mittlerer quadratischer Fehler	MSE	Keine Einheit [-]	Stärkere Gewichtung großer Fehler, jedoch sensibel gegen Ausreißer
Mittlerer Absoluter Fehler	MAE	Wie Zieleinheit, hier: [m^3/s]	Gleiche Gewichtung aller Fehler
Wurzel des mittleren quadratischen Fehlers	RMSE	Wie Zieleinheit, hier: [m^3/s]	Gleich zu MSE, jedoch bei Darstellung in selber Einheit wie die Zieleinheit

Für die weitere Nutzung der Metriken in dieser Arbeit ist zu erwähnen, dass jedes Modell hinsichtlich aller drei Metriken bewertet wird, jedoch kann nur eine Metrik als Verlustfunktion für das Training dienen. Je nach Dateneigenschaften können die Ergebnisse mit diesen Verlustfunktionen unterschiedlich ausfallen. Diese Unterschiede können sich in Ausreißern oder generellen Tendenzen des Modells äußern. Daher werden in Kapitel 4 die Verlustfunktionen und ihre Auswirkungen verglichen.

3.6.9 Training

Sobald alle Daten verarbeitet sind und das Modell definiert ist, so kann das Training beginnen. Dadurch, dass für die Validierung die K-Fache Kreuzvalidierung angewandt wird, muss das Training in zwei Abschnitte unterteilt werden:

1. Training mit K-Facher Kreuzvalidierung
2. Fortsetzen des Trainings mit dem besten Modell

Wie in Abbildung 3.11 bereits dargestellt, wird zunächst der Trainingsdatensatz in 5 Blöcke eingeteilt, damit dieselbe Modellarchitektur 5-mal aufs Neue an einer anderen Zusammensetzung von Trainings- und Validierungsdaten antrainiert wird (s. Abschnitt 3.6.5). Um aus diesen 5 Modellen dann das potenziell Beste auszuwählen, wird das Modell mit dem geringsten Wert der Verlustfunktion bei der Validierung gewählt. Das ausgewählte Modell wird danach einem fortgesetzten Training unterzogen, bei dem nun alle Trainingsdaten für das Training genutzt werden und die Validierung nun mit dem bisher ungenutzten Testdatensatz geschieht.

Zusätzlich zu bestimmen ist die Länge des Trainings, welche in Epochen fest-gelegt wird. Dabei ist eine Epoche äquivalent zu einem Trainingsdurchlauf mit dem kompletten Trainingsdatensatz (James et al. 2013). Dies kann beliebig häu-fig durchgeführt werden, jedoch kommt das Modell irgendwann nur noch zu geringen oder keinen Trainingsfortschritten. Die Anzahl der Epochen kann je nach Anforderung sehr spezifisch sein, weshalb immer zwischen Trainingszeit und potenzieller Verbesserung abgewogen wird.

Während der Erstellung der ersten Modelle erwies sich eine Anzahl an 20 Epochen in der Kreuzvalidierung und 60 Epochen für das finale Modell als aus-reichend. Verdeutlichen lässt sich dies anhand der Lernkurve des initialen Modells (Abbildung 3.17). Diese zeigt, wie sich die Metrik RMSE über die Trainingsepo-chen hinweg entwickelt. Zu erkennen ist, dass in den letzten Epochen kaum noch Fortschritte gemacht werden. Um die Vergleichbarkeit zu gewährleisten, wird diese Auswahl der Epochenanzahl für alle weiteren Modellvarianten übernom-men. Veranschaulicht ist der gesamte Trainingsablauf mit Datenaufteilung und Auswahl des besten Modells in Abbildung 3.18.

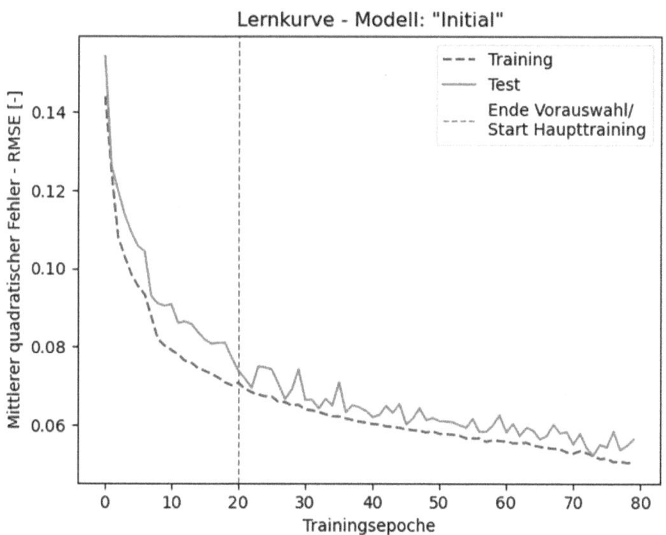

Abbildung 3.17 Lernkurve des initialen Modells

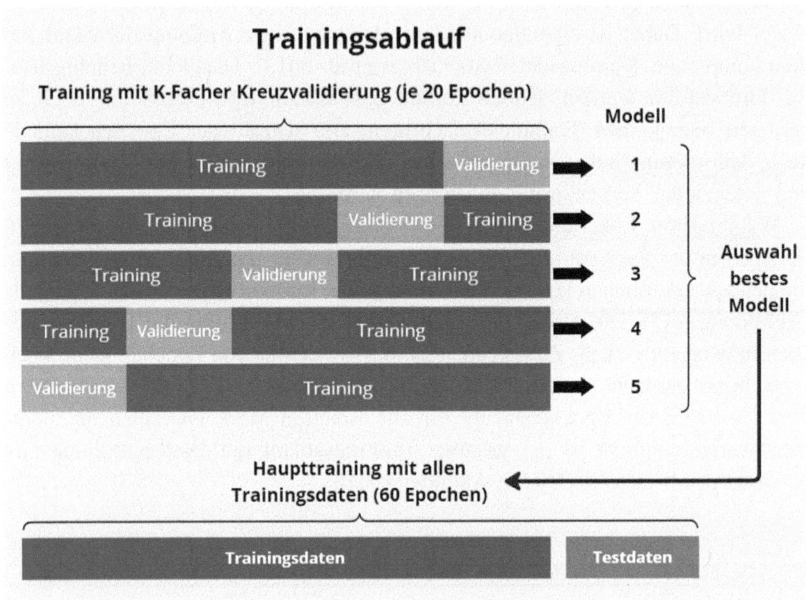

Abbildung 3.18   Ablauf des Trainings für eine Modellvariante

3.7   Auswertemethodik

Wurde eine Modellvariante in Gänze trainiert, wird diese anschließend ausgewertet und mit anderen Modellvarianten verglichen. Wie bereits in Abschnitt 3.6 beschrieben, können diese Varianten in den zwei Konfigurationsebenen **Datenverarbeitung,** sowie **Modellarchitektur** liegen und bringen unterschiedliche Effekte für die Vorhersageergebnisse mit sich. Deshalb ist eine einheitliche Auswertemethodik nötig, die die Menge an Ergebnissen interpretierbar macht und die Modelle aus verschiedenen Blickwinkeln beleuchtet. Es gilt zu erwähnen, dass dieses Kapitel lediglich die Methodik der Auswertung darlegt, hingegen die tatsächlichen Auswertungen im Herleitungsprozess in Kapitel 4 dargestellt werden.

Für den Anwendungsfall dieser Arbeit wird ein maßgeschneidertes Auswerte-Skript im Python basierten jupyter-notebook-Format entworfen, was die Auswertung automatisieren soll. Dabei werden für eine ausgewogene Bewertung mehrere Komponenten einbezogen. So wird neben der Auswertung des jeweils finalen Modells einer Modellvariante auch die Kreuzvalidierung betrachtet, um mehr Aufschluss über die Generalisierungsleistung einer Modellarchitektur zu erlangen. Darüber hinaus wird sowohl die generelle Güte der Modelle als auch die spezifische Güte mit Kriterien, wie z. B. der Maximalwertabweichung, betrachtet.

Die einzelnen Komponenten des Auswerte-Skriptes werden in diesem Kapitel dargestellt und für einen Überblick wird zunächst die Struktur des Kapitels näher erläutert. Dazu sind alle Komponenten und deren Funktion kurz in Tabelle 3.10 aufgezeigt.

Tabelle 3.10 Komponenten des Auswerteskriptes

Komponente	Kurzbeschreibung
Zusammenfassung der verglichenen Modellvarianten	– Zusammenfassung der Modelvarianten mit Informationen zur Modellarchitektur sowie der gesamten Trainingszeit
Gesamtauswertung	– Darstellung der durchschnittlichen Modellmetriken bei der Kreuzvalidierung – Darstellung der Lernkurven – Vergleich der Modellmetriken des jeweils besten Modells
Auswertung nach Größenklassen der Ausgabewerte	– Auswertung und Darstellung der Modellleistung aufgeschlüsselt nach 10 Größenklassen der Ausgabewerte
Darstellung der Residuen	– Darstellung aller Residuen (Fehler) gegenüber allen Vorhersagen
Auswertung der Maximalwertabweichung	– Berechnung und Darstellung der Maximalwertabweichung mit und ohne Zeitabweichung – Darstellung aller vorhergesagten Maximalwertsequenzen im Testdatensatz

Als Basis für alle Auswertungen werden zunächst für jedes auszuwertende Modell alle Sequenzen aus allen Datensätzen vorhergesagt. Dadurch liegen für jede Modellvariante folgende Daten vor:

– **Trainingsdaten:** Eingabedaten, Wahrheitswerte, Vorhersagewerte
– **Testdaten:** Eingabedaten, Wahrheitswerte, Vorhersagewerte

Damit diese Daten interpretierbar sind, muss ein Nachbearbeitungsschritt erfolgen, bei dem die Eingabedaten, Wahrheitswerte und Vorhersagewerte wieder in ihren ursprünglichen Wertebereich zurücktransformiert werden. Dies erfolgt gemäß dem Vorgehen aus Abschnitt 3.6.3.

3.7.1 Zusammenfassung der verglichenen Modellvarianten

Als Erstes werden in der Modellzusammenfassung alle Modelle zusammengefasst, die ausgewertet und verglichen werden sollen. Dies soll einen Überblick über die Eigenschaften einer Variante geben (s. Tabelle 3.11). Angegeben werden zunächst der Name einer Variante, sowie ein Alias, der in jedem spezifischen Vergleich als Referenz des Namens in Grafiken und Tabellen dient. „Schacht" gibt an, welcher Schacht aus dem SWMM-Modell im Training betrachtet wird. Für die „Eingabevariablen" wird angegeben, welche Variablen im Training als Eingabedaten benutzt werden. Hingegen geben die „Ausgabevariablen" an, welche Variable das ML-Modell vorhersagt. Gefolgt ist das von der Angabe der verwendeten Verlustfunktion und Optimierungsmethode. Die „Reihenfolge der Sequenzen" gibt an, ob Sequenzen „Gemischt" oder „Geordnet" in das Modell gegeben werden. Danach ist der Netzaufbau grafisch dargestellt mit Angabe der Schichten und Neuronen. Abschließend folgt die benötigte Trainingszeit einer Variante und es wird auf die gesamte Auswertung im Anhang referenziert.

Tabelle 3.11 Beispielhafte Zusammenfassung von zwei Modellvarianten

Eigenschaften	Modellvariante	
Alias	„Gemischt"	„Geordnet"
Name	Gievenbeck_LSTM_Single_MSE2024–05–16	Gievenbeck_LSTM_Single_MSE_No_Shuffle_2024–05–16
Schacht	R0019769	R0019769
Eingabevariablen	t [min], i_N [mm/h]	t [min], i_N [mm/h]
Ausgabevariablen	Q [m3/s]	Q [m3/s]
Verlustfunktion	MSE	MSE
Optimierungsmethode	Adam	Adam
Reihenfolge der Sequenzen	Gemischt	Geordnet

(Fortsetzung)

Tabelle 3.11   (Fortsetzung)

Eigenschaften	Modellvariante	
Alias	„Gemischt"	„Geordnet"
Netzaufbau	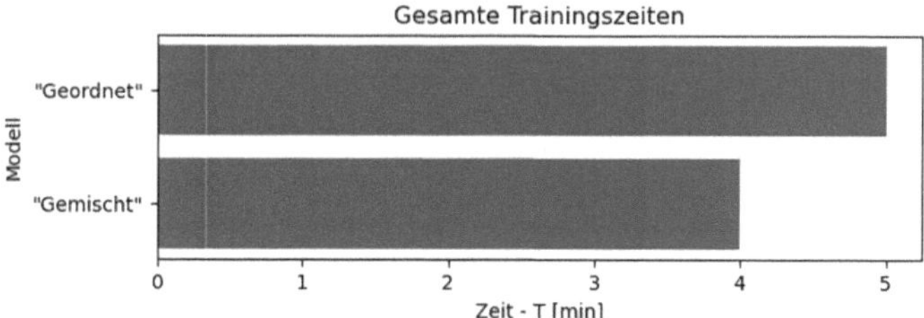	
Trainingszeit (min)	4	5
Anhang	x	

Im Anschluss an die Modellzusammenfassung werden die gesamten Trainingszeiten der verglichenen Modelle in einem Balkendiagramm dargestellt (s. Abbildung 3.19). Zu beachten ist dabei jedoch, dass die Trainingszeiten sehr spezifisch mit Blick auf die Hardware-Komponenten zu bewerten sind. Daher gelten die Aussagen nur für die Hardware-Spezifikationen aus Abschnitt 3.2.5 und sind nur bedingt allgemeingültig.

Abbildung 3.19   Beispielhafter Vergleich der gesamten Trainingszeit

3.7.2 Gesamtauswertung

Aus den vorliegenden Wahrheits- und Vorhersagewerten lassen sich die Modellmetriken MAE (s. Gl. 3.7) und RMSE (s. Gl. 3.8) berechnen. Diese Metriken wurden bereits erläutert in Abschnitt 3.6.8 im Zusammenhang mit der Nutzung als Verlustfunktion in der Optimierung. Da sie grundlegend die Güte eines Modells darstellen, werden sie ebenfalls in die Auswertung aufgenommen.

Zwar wäre auch die zusätzliche Darstellung des MSE (s. Gl. 3.6) möglich, jedoch bietet hier der RMSE die gleiche Aussagekraft, die lediglich in einem besser interpretierbaren Wertebereich liegt. Daher wird von einer zusätzlichen Darstellung des MSE abgesehen.

Gesamtauswertung der Kreuzvalidierung

Zunächst werden alle Modelle der Kreuzvalidierung ausgewertet. Je Modellvariante gibt es 5 antrainierte Modelle aus der Kreuzvalidierung (s. Abschnitt 3.6.5 und 3.6.9), die darüber Aufschluss geben, wie gut eine Modellvariante mit verschiedenen Datenaufteilungen umgeht und wie zuverlässig Modelle mit guten Ergebnissen antrainiert werden. Um daher sicherzugehen, dass das Ergebnis eines Modells kein seltener Zufall war, werden die Metriken MSE und MAE der Kreuzvalidierungen in einem Boxplot abgebildet. Hierbei ist jedoch zu beachten, dass diese Metrik bei der Kreuzvalidierung bereits im Training berechnet wurde und somit eine Datentransformation nicht vorgenommen werden konnte. Folglich haben diese **Werte nur in diesem Vergleich Aussagekraft** und können mit nachfolgenden Metriken nicht mehr verglichen werden, da der Wertebereich anders ist.

Dieser Vergleich wird wie in Abbildung 3.20 dargestellt. Die Boxplots bilden für jedes Modell den Median, die Quartile, den Maximalwert und die Ausreißer ab. Die Säulen zeigen die durchschnittlichen Metriken der Kreuzvalidierung für die Trainings- und Validierungsdaten. Hieraus können zwei Dinge abgelesen werden:

1. Welche Modellvariante bei unterschiedlichen Datenaufteilungen besser abschneidet.
2. Ob eine Modellvariante beim häufigeren Trainieren ähnlich gut in Trainingsergebnissen und Validierungsergebnissen abschneidet und somit auch mit unbekannten Daten gut umgeht.

Übertragen auf das Beispiel in Abbildung 3.20, lassen sich Tendenzen ablesen, die für ein zuverlässigeres Modell „Gemischt" sprechen. Die Validierungsergebnisse stimmen bei beiden Modellvarianten mit den Trainingsergebnissen ungefähr überein.

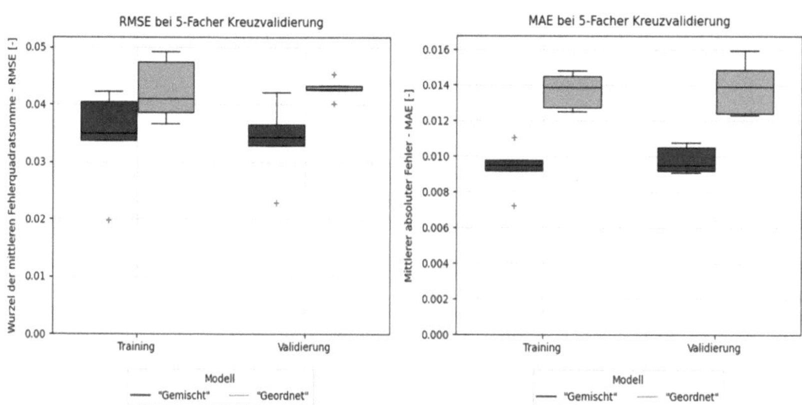

Abbildung 3.20   Beispielhafte Auswertung der Kreuzvalidierung

Gesamtauswertung des jeweils besten Modells

Das jeweils beste Modell der verglichenen Modellvariationen soll nun für eine genauere Auswertung dienen. Hierfür werden ebenfalls die Modellmetriken MAE (s. Gl. 3.7) und RMSE (s. Gl. 3.8) verglichen und mit einem Säulendiagramm dargestellt (s. Abbildung 3.21). Hiermit lässt sich die Gesamtleistung des jeweils besten Modells vergleichen und ob den Modellvarianten ähnlich gute Ergebnisse mit den Testdaten gelingt.

3.7.3   Auswertung nach Größenklassen

Um die zu vergleichenden Modellvarianten genauer zu betrachten, sollen die jeweils besten Modelle der Modellvarianten nach Größenklasse ausgewertet werden. Dazu werden alle Wahrheitswerte in 10 gleichgroße Klassen eingeordnet, für die jeweils die Modellmetriken berechnet werden. Die Aufteilung dieser Klassen orientiert sich dabei an dem Maximum der Wahrheitswerte. Eine Klassengröße KL ist somit wie in Gl. dargestellt zu errechnen.

$$KL = \frac{\max(y_1, y_2, \ldots, y_i)}{10} \qquad \text{(Gl. 3.9)}$$

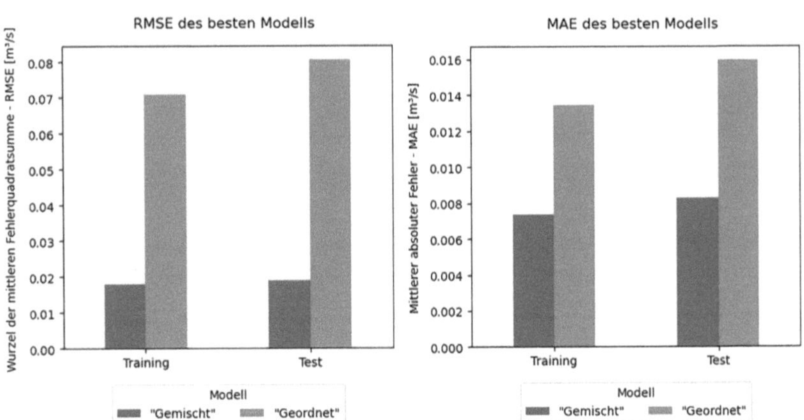

Abbildung 3.21 Beispielhafte Darstellung des RMSE (links) und des MAE (rechts), des jeweils besten Modells zweier Modellvarianten

$$\text{mit} \quad KL \quad \textit{Klassengröße}$$
$$y_i \quad \textit{Wahrer Wert}$$

Ausgewertet werden die Metriken hier nur mit dem Testdatensatz, da dieser als unbekannter Datensatz die größte Aussagekraft über Generalisierungsfähigkeit hat und eine zusätzliche Darstellung des Trainingsdatensatzes hier nicht als relevant angesehen wird.

Zusätzlich zu den Metriken MAE (s. Gl. 3.7) und RMSE (s. Gl. 3.8) wird eine weitere Metrik eingeführt. Hierbei handelt es sich um den Mittleren absoluten prozentualen Fehler – MAPE (engl. Mean Absolute Percentage Error). Diese Metrik soll die Auswertung um den prozentualen Fehler erweitern, da dies die Fehler der Modelle in die Relation zum wahren Wert setzt und eine intuitive und verständliche Darstellungsform ermöglicht. Berechnet wird MAPE wie in Gl. 3.10 dargestellt nach Cerulli (2023).

$$\text{MAPE}\ (y, \hat{y}) = \frac{1}{n} \sum_{i=1}^{n} \frac{|y_i - \hat{y}_i|}{max(\in, |y_i|)} \times 100 \qquad \text{(Gl. 3.10)}$$

$$\begin{array}{rl} mit & \in \quad \textit{Sehr kleiner und positiver Wert} \\ & n \quad \textit{Anzahl aller Wertepaare} \\ & \hat{y}_i \quad \textit{Vorhergesagter Wert} \\ & y_i \quad \textit{Wahrer Wert} \end{array}$$

Dabei ist $\in$ ein sehr kleiner und positiver Wert, lediglich um undefinierte Ergebnisse zu vermeiden, falls y_i gleich Null ist (Cerulli 2023). Dargestellt werden nun die drei Metriken in einem Kurvendiagramm, in dem jeweils die Metriken für 10 Klassen angegeben werden. Auf der X-Achse werden die Klassengrößen in der Einheit der wahren Werte angegeben (hier: m3/s) und auf der Y-Achse werden je die Werte der Metriken MAPE, MAE und RMSE angegeben. Grundsätzlich gilt auch bei diesen Metriken, dass ein geringerer Wert besser ist. Dargestellt werden die verschiedenen Modellvarianten in unterschiedlichen Farben (s. Abbildung 3.22).

Eine Besonderheit gilt es zu erwähnen, denn der Wert für die erste Klasse des MAPE wird nicht aufgeführt. Dies hat den Grund, dass der prozentuale Fehler bei sehr kleinen Werten instabil wird und es zu sehr hohen prozentualen Fehlern kommen kann (Makridakis 1993). Um daher die Darstellung des MAPE nicht zu verzerren, wird der Wert der ersten Klasse nicht mit aufgeführt (s. Abbildung 3.22).

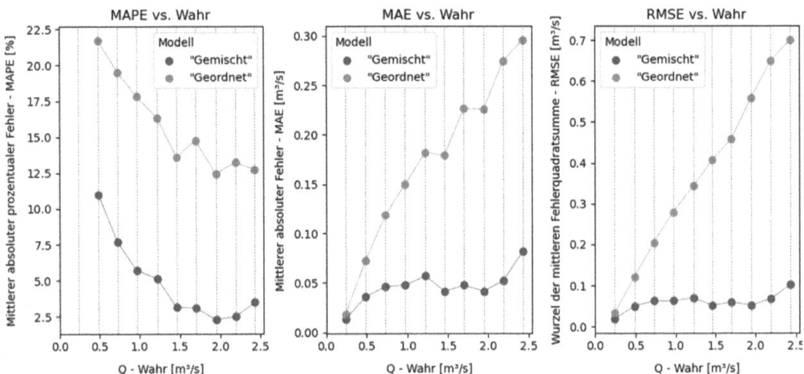

Abbildung 3.22 Beispielhafte Darstellung der Auswertung mit MAPE (links), MAE (Mitte) und RMSE (rechts) nach Größenklasse

3.7.4   Darstellung der Residuen

In einer weiteren Grafik werden die Residuen angegeben. Dies soll eine visuelle Begutachtung aller Residuen gegenüber dem wahren Wert ermöglichen. Im Fokus stehen dabei generelle Tendenzen und Ausreißer in den Vorhersagen der Modellvarianten.

Für jedes Wertepaar bestehend aus Wahrheitswert und Vorhersagewert werden zunächst die Residuen (auch Fehler genannt) berechnet (s. Gl. 3.11).

$$R_i = y_i - \hat{y}_i \qquad \text{(Gl. 3.11)}$$

$$\begin{aligned} mit \quad & R_i \quad && Residuum\,(Fehler) \\ & y_i \quad && Wahrer\ Wert \\ & \hat{y}_i \quad && Vorhersagewert \end{aligned}$$

Dargestellt werden die Residuen je Modellvariante in einem Streudiagramm. Die Y-Achse zeigt dabei das Residuum, welche in derselben Einheit wie die Zielvariable (hier: m3/s) angegeben wird und die X-Achse zeigt den dazugehörigen vorhergesagten Wert (s. Abbildung 3.23).

Zur Hilfestellung wird die Grafik ergänzt mit:

1. einer Optimallinie zur Orientierung an dem optimalen Residuum gleich 0.
2. einer Regression der Residuen, um die Tendenzen der Modellvarianten darzustellen.

Um die Regression der Residuen zu erstellen, wird die Methode „polyfit" aus dem Python-Package NumPy (Harris et al. 2020) genutzt. Mit dieser wird eine Polynomfunktion 2. Grades berechnet, die dem Schema aus Gl. 3.12 folgt.

$$f(x) = ax^2 + bx + c \qquad \text{(Gl. 3.12)}$$

Dargestellt wird die Regressionsfunktion mit einer roten Kurve, wie in der Legende angezeigt (s. Abbildung 3.23). Von einer Abbildung der exakten Regressionsfunktionen jeder Modellvariante wird jedoch abgesehen, um die Grafiken übersichtlich zu halten.

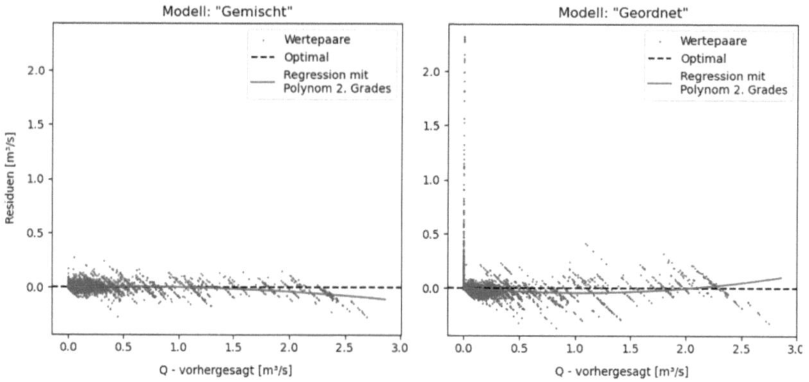

Abbildung 3.23 Beispielhafte Darstellung aller Residuen zweier Modellvarianten

3.7.5 Auswertung der Maximalwertabweichung

Nachdem die Matriken der gesamten Vorhersagen nach Größenklasse sowie die Residuen dargestellt sind, wird die Auswertung ergänzt durch eine Betrachtung der Maximalwertabweichungen. Diese Auswertung ist wichtig, da die Abweichung der Spitzenabflüsse nach DWA-M 165 (2021) ein zentraler Bestandteil ist, um eine Modellkalibrierung auf ihre Güte zu prüfen. Werden daher die hier erstellen Modelle als eine Kalibrierung an die Simulationsdaten betrachtet, so kann dies ein guter Anhaltspunkt zur Auswertung der Modelle sein.

Angewendet wird jedoch nicht die exakte Berechnung nach DWA-M 165 (2021), da die dort angegebene Gleichung für DYMax nicht mit absoluten Werten rechnet und eine Auswertung des Durchschnitts über mehrere Ereignisse sich damit ausgleichen und verfälschen würde. Daher wird hierfür wieder auf die Metriken MAPE (s. Gl. 3.10), MAE (s. Gl. 3.7) und RMSE (s. Gl. 3.8) zurückgegriffen. Gekennzeichnet werden die Metriken für die Maximalwertabweichung mit MAE_{max}, $RMSE_{max}$ und $MAPE_{max}$. Ergänzt wird dies mit der durchschnittlichen zeitlichen Abweichung der Maximalwerte, welche als dt in Minuten angegeben werden, nach Gl. 3.13.

$$dt = \frac{1}{n_e} \sum_{i=1}^{n_e} \left| t_{max,i} - \hat{t}_{max,i} \right| \qquad \text{(Gl. 3.13)}$$

$$\text{mit} \quad n_e \quad \textit{Anzahl der Ereignisse}$$
$$t_{max,i} \quad \textit{Zeitschritt des wahren Maximums}$$
$$\hat{t}_{max,i} \quad \textit{Zeitschritt des vorhergesagten Maximums}$$

Dargestellt werden diese vier Werte tabellarisch, wie beispielhaft in Tabelle 3.12 gezeigt.

Tabelle 3.12 Beispielhafte Maximalwertabweichung dargestellt mit MAE, RMSE und MAPE

Modellvariante	MAE_{max} [m³/s]	$RMSE_{max}$ [m³/s]	$MAPE_{max}$ [%]	dt [min]
„Gemischt"	0,052	0,067	9,9	1,75
„Geordnet"	0,252	0,321	19,6	5,22

Zur visuellen Betrachtung der einzelnen Maximalwertsequenzen werden ebenfalls Abflussganglinien der jeweiligen Sequenzen abgebildet (s. Abbildung 3.24). Über der Grafik wird zunächst das Ereignis zusammengefasst, wobei angegeben wird, ob es sich um ein aufgezeichnetes Ereignis oder um einen Modellregen vom Euler Typ 2 handelt. Zudem werden die Niederschlagshöhe in mm sowie die Dauer des Ereignisses angegeben.

Die X-Achse zeigt die fortschreitende Dauer eines Ereignisses in Minuten. Sie umfasst eine Sequenz, die stets 120 Minuten für den Niederschlag beinhaltet. Sollte dies die Zeit vor Beginn des Ereignisses umfassen, so wird diese negativ angegeben. Die Y-Achse auf der linken Seite stellt die Niederschlagsintensität (iN) in mm/h dar. Die Werte sind als Säulen für jedes 5-Minuten-Zeitintervall angegeben. Die Y-Achse auf der rechten Seite zeigt den Abfluss (Q) in m3/s für die jeweiligen Vorhersagen der Modelle sowie die wahre Ganglinie aus den Simulationen.

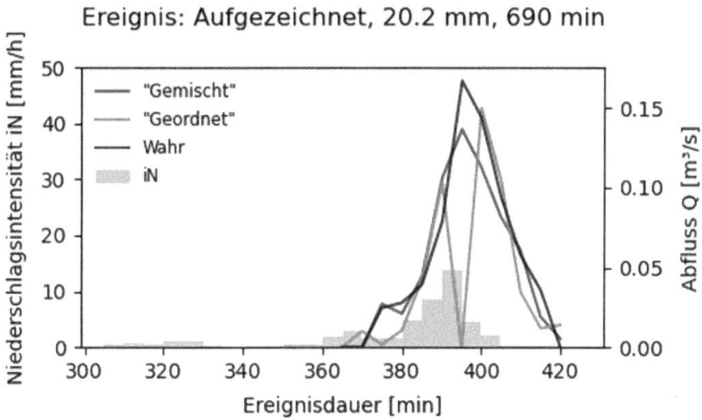

Abbildung 3.24 Beispielhafte Darstellung einer Sequenz eines Testereignisses, die einen Maximalwert enthält

Herleitung des ML-Modells

4

In diesem Kapitel werden die verschiedenen Modellvarianten der neuronalen Netze miteinander verglichen, um ein gutes Vorhersagemodell für Abflüsse zu ermitteln. Zur Übersicht wird noch einmal der Kontext für die Erstellung dieses Modells zusammengefasst:

Das Ziel ist es, ein neuronales Netz zu entwickeln, das möglichst genaue Vorhersagen für zukünftige Abflusswerte treffen kann. Der Zielwert dabei ist der Niederschlagsabfluss im Schacht „**R0019769**" im Stadtgebiet Gievenbeck. Die Abflusswerte aus den Simulationen mit SWMM dienen dabei als Referenz, an die sich die Modelle annähern sollen. Damit die ML-Modelle die Vorhersagen treffen können, werden Niederschlagsintensität, sowie die Ereignisdauer eingespeist, die 1 h der Vergangenheit und 1 h der Zukunft abbilden. Ausnahme sind hierbei zwei Varianten (s. Abschnitt 4.5 und Abschnitt 4.6), welche weitere Eingabevariablen hinzufügen.

Die Modelle werden zunächst mit Trainingsdaten trainiert, die 203 Niederschlagsereignisse umfassen und anschließend an 23 unbekannten Ereignissen getestet, um die Genauigkeit der Vorhersagen zu überprüfen. Für die Erstellung der einzelnen Modellvarianten werden die Methodiken aus Abschnitt 3.6 verwendet. Die Auswertung wird gemäß Abschnitt 3.7 ausgeführt, jedoch lediglich auf die jeweils wichtigsten Werte und Grafiken eingegangen. Die vollumfänglichen Auswertungen werden daher dem Anhang beigefügt und referenziert.

Ergänzende Information Die elektronische Version dieses Kapitels enthält Zusatzmaterial, auf das über folgenden Link zugegriffen werden kann https://doi.org/10.1007/978-3-658-51214-9_4.

In der Herleitung des ML-Modells werden durch Anpassungen in der Datenverarbeitung und der Modellarchitektur verschiedene Modellvarianten untersucht und verglichen. Für eine bessere Übersicht sind in Tabelle 4.1 die untersuchten Anpassungen aufgeführt, mit Zuordnung zu den jeweiligen Konfigurationsebenen.

Tabelle 4.1 Übersicht der Anpassungen

Anpassung	Konfigurationsbenen	Abschnitt
Änderung der Verlustfunktion	Modellarchitektur	4.1
Mischung der Sequenzen	Modellarchitektur	4.2
Änderung der Neuronenanzahl	Modellarchitektur	4.3
Änderung der Schichtanzahl	Modellarchitektur	4.4
Kumulativer Niederschlag	Datenverarbeitung	4.5
Ergänzung der Abflussmessung	Datenverarbeitung	4.6

Initiales Modell

Gestartet wird mit dem initialen Modell, welches ein sehr einfaches Modell darstellt, mit lediglich einer LSTM-Schicht, die 32 Neuronen umfasst. Verwendet wird die in Abschnitt 3.6.7 beschriebene Optimierungsfunktion Adam, zusammen mit der Verlustfunktion MAE (s. Abschnitt 3.6.8). Alle weiteren relevanten Eigenschaften des ersten Modells sind in Tabelle 4.2 aufgeführt.

Tabelle 4.2 Zusammenfassung der initialen Modellvariante

Eigenschaften	Modell
Name	Gievenbeck_LSTM_Single_MAE2024–05–16
Schacht	R0019769
Eingabevariablen	t [min], i_N [mm/h]
Ausgabevariablen	Q [m^3/s]
Verlustfunktion	MAE
Optimierungsmethode	Adam

(Fortsetzung)

Tabelle 4.2 (Fortsetzung)

Eigenschaften	Modell
Reihenfolge der Sequenzen	Gemischt
Netzaufbau	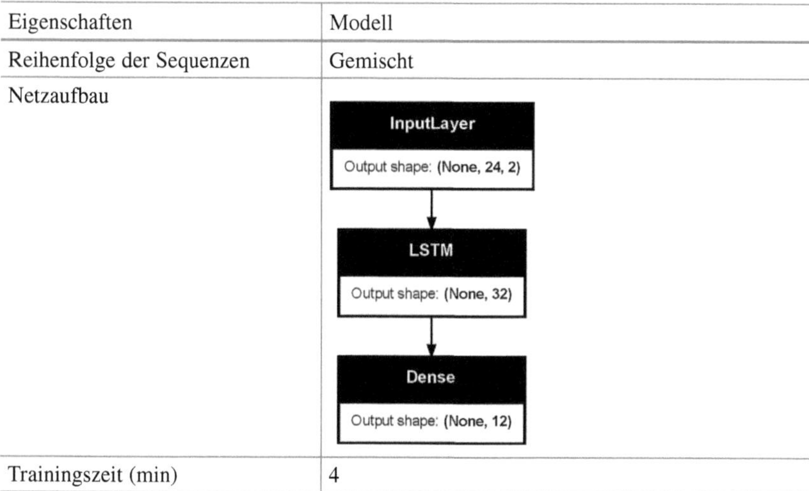
Trainingszeit (min)	4

4.1 Änderung der Verlustfunktion

Für den ersten Vergleich wird das initiale Modell mit zwei verschiedenen Verlustfunktionen trainiert. Namentlich wird der Mittlere quadratische Fehler (MSE) und Mittlere absolute Fehler (MAE) verglichen. Diese wurden in Abschnitt 3.6.8 vorgestellt und erläutert. Der Unterschied der beiden Verlustfunktionen liegt im Kern darin, dass der MSE große Werte stärker gewichtet als der MAE.

Damit es in diesem Vergleich nicht zu Verwirrungen kommt, muss verdeutlicht werden, dass MSE und MAE hier zum einen als Verlustfunktion genannt werden mit **„Loss MSE"** und **„Loss MAE"** und zum anderen auch als Auswertemetrik vorkommen. Die Auswertemetriken werden daher **„Metrik RMSE"** (Wurzel aus MSE) und **„Metrik MAE"** genannt. Die Eigenschaften der betrachteten Modellvarianten sind in Tabelle 4.3 zusammengefasst. Die Eigenschaft, die sich dabei unterscheidet, ist grün markiert.

Tabelle 4.3 Zusammenfassung der Modellvarianten. (Änderung der Verlustfunktion)

Eigenschaften	Modellvarianten	
Alias	„Loss MAE"	„Loss MSE"
Name	Gievenbeck_LSTM_Single_MSE2024–05–16	Gievenbeck_LSTM_Single_MAE2024–05–16
Schacht	R0019769	R0019769
Eingabevariablen	t [min], iN [mm/h]	t [min], iN [mm/h]
Ausgabevariablen	Q [m^3/s]	Q [m^3/s]
Verlustfunktion	MAE	MSE
Optimierungsmethode	Adam	Adam
Reihenfolge der Sequenzen	Gemischt	Gemischt
Netzaufbau	InputLayer — Output shape: (None, 24, 2); LSTM — Output shape: (None, 32); Dense — Output shape: (None, 12)	InputLayer — Output shape: (None, 24, 2); LSTM — Output shape: (None, 32); Dense — Output shape: (None, 12)
Trainingszeit (min)	4	4
Gesamte Auswertung	Anhang 9	

Ergebnisse

Die Trainingszeiten beider Modellvarianten MSE und MAE liegen gleichauf mit 4 min und sind daher nicht relevant. In der Kreuzvalidierung zeigt sich, das „Loss MSE" bei der Metrik RMSE im Median sowie bei den Quantilen besser abschneidet. Hingegen schneidet „Loss MAE" besser ab bei der Metrik MAE. Grundsätzlich sind die Ergebnisse bei „Loss MAE" instabiler, zu erkennen an der breiteren Streuung der Ergebnisse bei beiden Metriken (Abbildung 4.1).

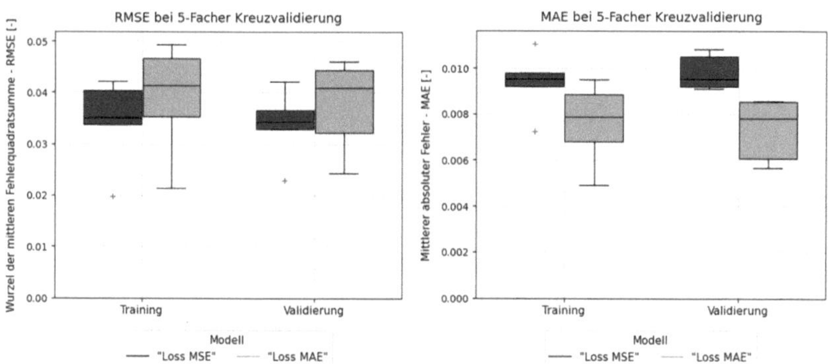

Abbildung 4.1 Auswertung der Kreuzvalidierung. (Änderung der Verlustfunktion)

Die jeweils besten Modelle zeigen die gleichen Tendenzen wie die Kreuzvalidierung. Somit schneidet „Loss MSE" besser ab bei der Metrik RMSE und „Loss MAE" besser bei der Metrik MAE (s. Abbildung 4.2). Mit den Testdaten liegt der RMSE der Modellvariante „Loss MSE" bei 0,0188 m^3/s.

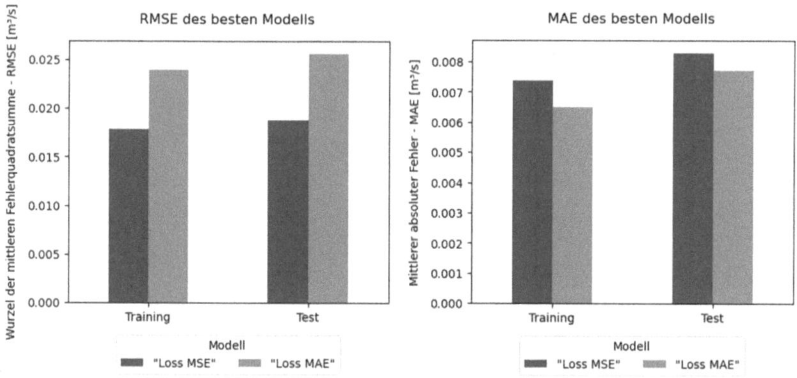

Abbildung 4.2 RMSE und MAE des jeweils besten Modells. (Änderung der Verlustfunktion)

Bezogen auf die Größenklassen lässt sich erkennen, dass „Loss MSE" bessere Ergebnisse erzielt bei sehr hohen Werten und im Mittelfeld sich beide Modellvarianten annähern (s. Abbildung 4.3). Bei den Metriken RMSE und MAE ist die Modellvariante „Loss MSE" in allen Größenklassen besser, bis auf die Kleinste.

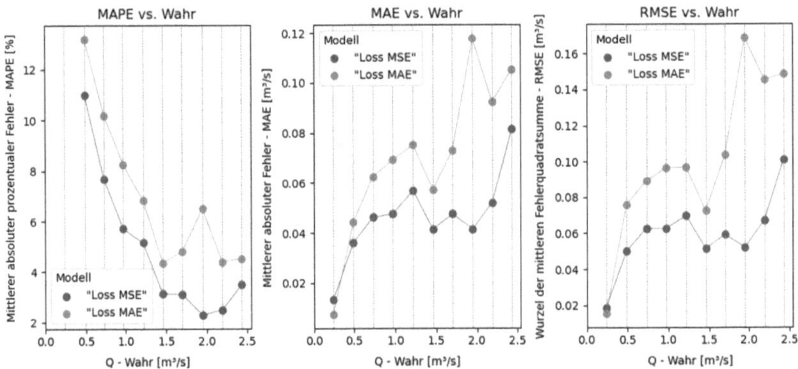

Abbildung 4.3 MAPE, MAE, RMSE nach Größenklasse des jeweils besten Modells. (Änderung der Verlustfunktion)

Bei der Maximalwertabweichung ist das Bild etwas anders. Zu erkennen ist in Tabelle 4.6, dass „Loss MSE" bei den absoluten Metriken MAE_{max} und $RMSE_{max}$ besser abschneidet als „Loss MAE". Hingegen liegt bei relativer Betrachtung mit $MAPE_{max}$ „Loss MAE" leicht vorne mit 9,4 % Maximalwertabweichung. Eindeutig besser oder schlechter ist in dem Fall somit keiner der beiden Modellvarianten. (s. Tabelle 4.4).

Tabelle 4.4 Maximalwertabweichung des je besten Modells. (Änderung der Verlustfunktion)

Modellvariante	MAE_{max} [m³/s]	$RMSE_{max}$ [m³/s]	$MAPE_{max}$ [%]	dt [min]
"Loss MSE"	0,052	0,067	9,9	1.74
"Loss MAE"	0,077	0,112	9,4	1,52

Auswahl

Zusammengefasst schneidet die Modellvariante mit MSE als Verlustfunktion etwas schlechter ab bei Betrachtung der Metrik MAE, ist jedoch deutlich zuverlässiger bei hohen Abflusswerten. Bei der Maximalwertabweichung gibt es hingegen keine klare Tendenz. Ausschlaggebend ist in diesem Fall die Betrachtung der Größenklassen, in denen „Loss MSE" besser abschneidet. Daher wird die Variante „Loss MSE" und somit der **MSE als primäre Verlustfunktion ausgewählt**, wobei zu sagen ist, dass der MAE als Verlustfunktion ebenfalls geeignet scheint.

→ Ausgewählte Variante: „Loss MSE"

4.2 Mischung der Sequenzen

Eine weitere Option für die Anpassung das Modell auf Ebene der Modellarchitektur, ist es die Reihenfolge zu ändern, in der die Sequenzen in das Modell gespeist werden. Standardmäßig mischt Keras die Sequenzen beim Training, weshalb untersucht werden soll, wie sich eine geordnete Sequenzreihenfolge auswirkt. Die Vermutung hierbei ist, dass das Modell möglicherweise besser lernt, wenn die Sequenzen der Ereignisse hintereinander abgearbeitet werden. Namentlich gekennzeichnet ist die Variante mit einer zufälligen Einspeisung der Sequenzen als **„Gemischt"** und der Aufbau mit Sequenzen der Reihenfolge nach als **„Geordnet"** (Tabelle 4.5).

Tabelle 4.5 Zusammenfassung der Modellvarianten. (Mischung der Sequenzen)

Eigenschaften	Modellvarianten	
Alias	„Gemischt"	„Geordnet"
Name	Gievenbeck_LSTM_Single_MSE2024–05–16	Gievenbeck_LSTM_Single_MSE_No_Shuffle_2024–05–16
Schacht	R0019769	R0019769
Eingabevariablen	t [min], i_N [mm/h]	t [min], i_N [mm/h]

(Fortsetzung)

Tabelle 4.5 (Fortsetzung)

Eigenschaften	Modellvarianten	
Ausgabevariablen	$Q\ [m^3/s]$	$Q\ [m^3/s]$
Verlustfunktion	MSE	MSE
Optimierungsmethode	Adam	Adam
Reihenfolge der Sequenzen	Gemischt	Gemischt
Netzaufbau	InputLayer — Output shape: (None, 24, 2) → LSTM — Output shape: (None, 32) → Dense — Output shape: (None, 12)	InputLayer — Output shape: (None, 24, 2) → LSTM — Output shape: (None, 32) → Dense — Output shape: (None, 12)
Trainingszeit (min)	4	5
Gesamte Auswertung	Anhang 10	

Ergebnisse

Bei der Trainingszeit der Varianten liegt „Gemischt" leicht vorne mit 4 min gegenüber 5 min der „Geordneten" Variante. Wird die Kreuzvalidierung betrachtet, so schneiden hier die gemischten Modelle (blau) bei beiden Metriken merklich besser und zuverlässiger ab (s. Abbildung 4.4).

Ein gleiches Bild zeigt sich bei den anderen Auswertungen. In allen Größenklassen schneidet „Gemischt" besser ab. Auch bei den durchschnittlichen Maximalwertabweichungen liegt das gemischte Modell mit 9,9 % deutlich vor der Modellvariante „Geordnet" mit 19,6 % (s. Tabelle 4.6).

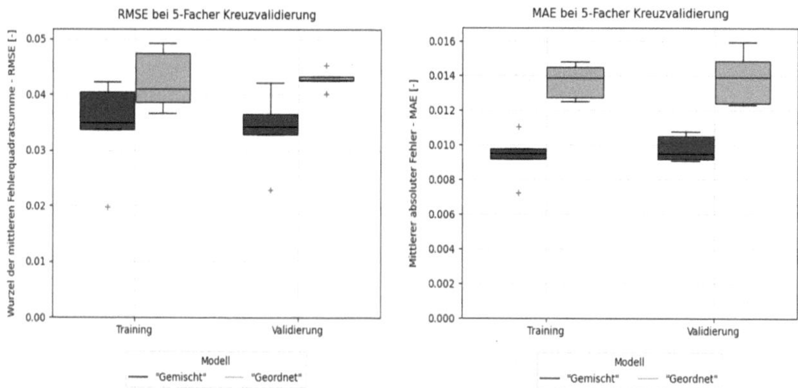

Abbildung 4.4   Auswertung der Kreuzvalidierung. (Mischung der Sequenzen)

Tabelle 4.6   Maximalwertabweichung des je besten Modells. (Mischung der Sequenzen)

Modellvariante	MAE_{max} [m³/s]	$RMSE_{max}$ [m³/s]	$MAPE_{max}$ [%]	dt [min]
"Gemischt"	0,052	0,067	9,9	1,75
"Geordnet"	0,252	0,321	19,6	5,22

Werden die Residuen betrachtet, so lässt sich eine deutlich kompaktere Ansammlung an der Optimallinie beobachten, auch mit weniger Ausreißern. Zudem sagt die Variante „Geordnet" deutlich häufiger und signifikanter falsche 0-Werte voraus. Diese bedeuten, dass Vorhersagewerte Null voraussagen, jedoch die wahren Werte sehr hoch sind. Das Resultat sind hohe Residuen, die sich an der y-Achse ansammeln, wie in Abbildung 4.5 in der rechten Grafik zu sehen.

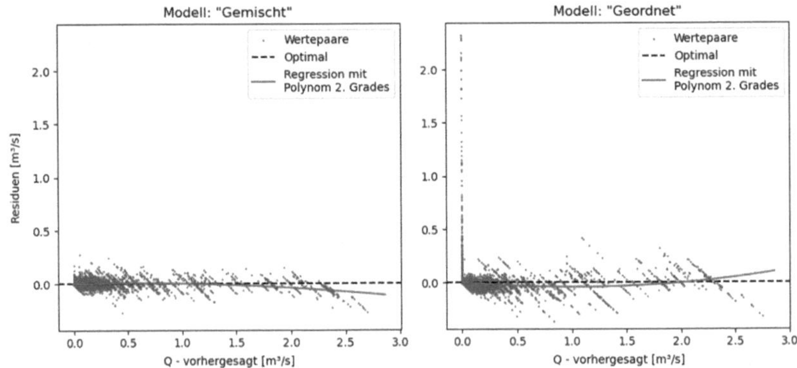

Abbildung 4.5 Darstellung der Residuen des je besten Modells. (Mischung der Sequenzen)

Auswahl

Mit diesen Ergebnissen ist es eindeutig, dass die Annahme eines besseren Trainings bei geordneten Sequenzen hier falsch ist. Eine geordnete Eingabe schneidet sowohl in der Kreuzvalidierung schlechter ab als auch in der genaueren Betrachtung der jeweils besten Modelle. Aus diesem Grund werden die weiteren Modelle mit einer **Mischung der Sequenzen** erstellt.

→ Ausgewählte Variante: „Gemischt"

4.3   Änderung der Neuronenanzahl

Bei dem initialen Netzaufbau wurde die erste Anzahl der Neuronen auf 32 festgelegt. Wird diese Anzahl erhöht, so führt dies zu einer höheren Komplexität des Modells. Dabei wird vermutet, dass eine höhere Anzahl an Neuronen zunächst zu besseren Ergebnissen führt, jedoch sind die genauen Auswirkungen unklar. Daher werden 4 weitere Modellvarianten erstellt, bei denen jeweils die Neuronenanzahl verdoppelt wird. Folglich werden Netze mit 32, 64, 128 und 256 Neuronen untersucht und verglichen (Tabelle 4.7).

Tabelle 4.7 Zusammenfassung der Modellvarianten. (Änderung der Neuronenanzahl)

Eigenschaften	Modellvarianten			
Alias	„32"	„64"	„128"	„256"
Name	Gievenbeck_LSTM_Single_MSE2024-05-16	Gievenbeck_LSTM_Single_MSE_u64_2024-05-16	Gievenbeck_LSTM_Single_MSE_u128_2024-05-16	Gievenbeck_LSTM_Single_MSE_u256_2024-05-16
Schacht	R0019769	R0019769	R0019769	R0019769
Eingabevariablen	t [min], i_N [mm/h]	t [min], i_N [mm/h]	t [min], i_N [mm/h]	t [min], i_N [mm/h]
Ausgabevariablen	Q [m³/s]	Q [m³/s]	Q [m³/s]	Q [m³/s]
Verlustfunktion	MSE	MSE	MSE	MSE
Optimierungs-methode	Adam	Adam	Adam	Adam
Reihenfolge der Sequenzen	Gemischt	Gemischt	Gemischt	Gemischt
Netzaufbau	InputLayer Output shape: (None, 24, 2) → LSTM Output shape: (None, 32) → Dense Output shape: (None, 12)	InputLayer Output shape: (None, 24, 2) → LSTM Output shape: (None, 64) → Dense Output shape: (None, 12)	InputLayer Output shape: (None, 24, 2) → LSTM Output shape: (None, 128) → Dense Output shape: (None, 12)	InputLayer Output shape: (None, 24, 2) → LSTM Output shape: (None, 256) → Dense Output shape: (None, 12)
Trainingszeit (min)	4	5	9	23
Gesamte Auswertung	Anhang 11			

Ergebnisse

Ein erster Blick auf die Trainingszeiten verrät, dass die Modelle mit steigender Neuronenanzahl gleichzeitig deutlich mehr Trainingszeit beanspruchen. Die Variante mit 256 Neuronen benötigt mit 23 min bereits die 5-fache Zeit im Vergleich zu 32 Neuronen und noch mehr als doppelt so viel Zeit wie das Modell mit 128 Neuronen (s. Abbildung 4.6). Die Simulationszeit wächst demnach unterproportional zwischen 32 und 128 Neuronen und überproportional zwischen 128 und 256 Neuronen.

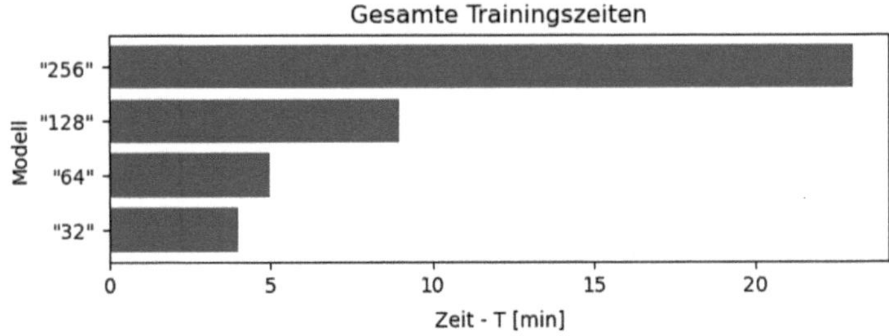

Abbildung 4.6 Gesamte Trainingszeit. (Änderung der Neuronenanzahl)

Die Varianten 128 und 256 ergeben in der Kreuzvalidierung signifikant zuverlässigere Modelle, wie in Abbildung 4.7 zu beobachten ist. Dabei liefern 256 Neuronen leicht bessere Ergebnisse als 128 Neuronen.

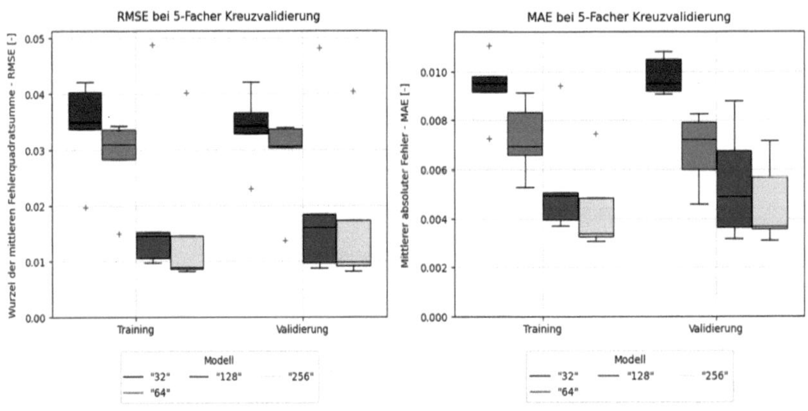

Abbildung 4.7 Auswertung der Kreuzvalidierung. (Änderung der Neuronenanzahl)

Werden hingegen die jeweils besten Modelle der Varianten ausgewertet, so zeigt sich ein etwas anderes Bild (s. Abbildung 4.8). Mit einem RMSE im Test von 0,01 m^3/s und einem MAE im Test von 0,005 m^3/s stellt die Variante „64" das beste Modell dar. Dies jedoch mit einem marginalen Abstand zu den Varianten „128" und „256". Es ist zu vermuten, dass diese Unterschiede nicht mehr statistisch signifikant sind und bei erneutem Training andere Tendenzen hervorbringt. Grund für die Vermutung sind die deutlich unzuverlässigeren Ergebnisse in der Kreuzvalidieurng bei 64 Neuronen.

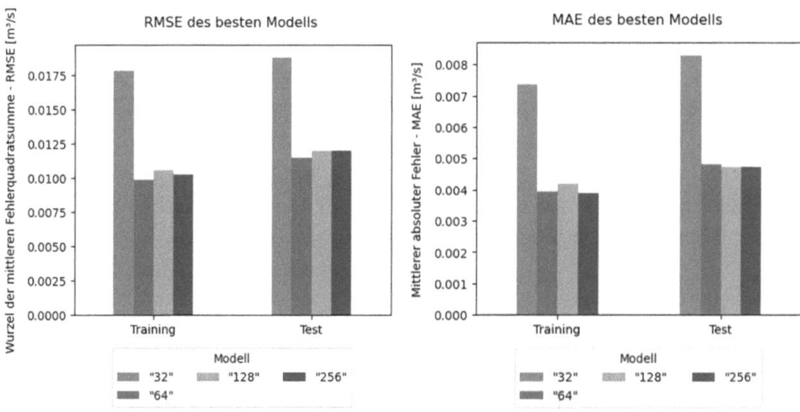

Abbildung 4.8   RMSE und MAE des je besten Modells. (Änderung der Neuronenanzahl)

Werden die durchschnittlichen Maximalwertabweichungen ausgewertet, so schneiden alle Varianten mit mehr als 32 Neuronen ähnlich gut ab. Der Bestwert des MAPE$_{max}$ von 3,9 % liegt bei 256 Neuronen und der Höchstwert von 9,9 % bei 32 Neuronen (s. Tabelle 4.8).

Tabelle 4.8 Maximalwertabweichung des je besten Modells. (Änderung der Neuronenanzahl)

Modellvariante	MAE_{max} [m³/s]	$RMSE_{max}$ [m³/s]	$MAPE_{max}$ [%]	dt [min]
"32"	0,052	0,067	9,9	1,74
"64"	0,033	0,044	5,8	1,52
"128"	0,028	0,041	4,8	0,43
"256"	0,029	0,035	3,9	0,43

Auswahl

Bei der gesamten Betrachtung der Modellvarianten schneiden alle Modelle gut ab, wobei sich lediglich 32 Neuronen als klar schlechter abgezeichnet haben. Da die Modellvarianten 64, 128 und 256 ähnliche Ergebnisse bei Betrachtung des jeweils besten Modells ergeben, wären alle drei für weitere Auswertungen geeignet. Gewählt für die weitere Verarbeitung wird jedoch die Variante mit **128 Neuronen**, da sie einen Kompromiss zwischen Zuverlässigkeit in der Kreuzvalidierung, sowie Trainingszeit darstellt.

$\rightarrow$ Ausgewählte Variante: 128 Neuronen

4.4   Änderung der Schichtanzahl

Neben der Neuronenanzahl lässt sich in der Modellarchitektur auch die Anzahl der Neuronenschichten variieren. Dazu werden zwei weitere Netze aufgebaut, welche je eine Neuronenschicht zusätzlich beinhalten. Die Anzahl der Neuronen je Schicht wird mit 128 beibehalten. Damit ergeben sich die drei Modellvarianten „1 × 128" für eine Schicht, „2 × 128" für zwei und „3 × 128" für drei Schichten. In Tabelle 4.9 sind die unterschiedlichen Netzaufbauten dargestellt, welche die Aneinanderreihung der Schichten genauer zeigen. Durch diese Änderungen steigt, wie auch bei der Neuronenanzahl, die Komplexität der Modelle und könnte genauere Ergebnisse ermöglichen.

Tabelle 4.9 Zusammenfassung der Modellvarianten. (Änderung der Schichtanzahl)

Eigenschaften	Modellvarianten		
Alias	„1x128"	„2x128"	„3x128"
Name	Gievenbeck_LSTM_Single_ MSE_u128_2024-05-16	Gievenbeck_LSTM_Double _MSE_u128_2024-05-16	Gievenbeck_LSTM_Triple_ MSE_u128_2024-05-16
Schacht	R0019769	R0019769	R0019769
Eingabevariablen	t [min], i_N [mm/h]	t [min], i_N [mm/h]	t [min], i_N [mm/h]
Ausgabevariablen	Q [m³/s]	Q [m³/s]	Q [m³/s]
Verlustfunktion	MSE	MSE	MSE
Optimierungs-methode	Adam	Adam	Adam
Reihenfolge der Sequenzen	Gemischt	Gemischt	Gemischt
Netzaufbau	InputLayer Output shape: (None, 24, 2) → LSTM Output shape: (None, 128) → Dense Output shape: (None, 12)	InputLayer Output shape: (None, 24, 2) → LSTM Output shape: (None, 24, 128) → LSTM Output shape: (None, 128) → Dense Output shape: (None, 12)	InputLayer Output shape: (None, 24, 2) → LSTM Output shape: (None, 24, 128) → LSTM Output shape: (None, 24, 128) → LSTM Output shape: (None, 128) → Dense Output shape: (None, 12)
Trainingszeit (min)	9	20	31
Gesamte Auswertung	Anhang 12		

Ergebnisse

Die offensichtlichsten Unterschiede sind zunächst in der Trainingszeit zu erkennen (s. Abbildung 4.9). Wie zu vermuten ist, erhöht die Komplexität bzw. eine Vermehrung der Schichten die Trainingszeit. Es lässt sich erkennen, dass die Trainingszeit pro zusätzlicher Schicht gleichmäßig um ungefähr 10 min ansteigt.

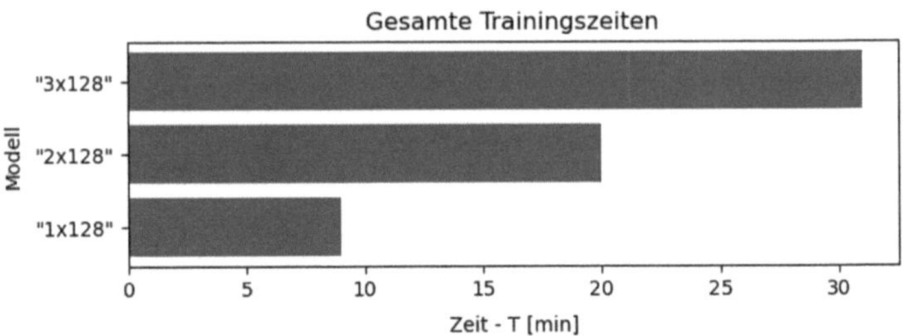

Abbildung 4.9 Gesamte Trainingszeit. (Änderung der Schichtanzahl)

Bei der Auswertung der Kreuzvalidierung zeichnet sich ab, dass das komplexeste Netz „3 × 128" am zuverlässigsten ist. Zwar sind die Bestwerte der Varianten sehr ähnlich, jedoch werden diese bei „3 × 128" fast immer erreicht (s. Abbildung 4.10). Auffällig ist zudem, dass „2 × 128" einen deutlich höheren Median aufweist als „1 × 128" bei der Betrachtung des RMSE. Dis passt nicht ganz ins Bild, da Variante „3 × 128" die deutlich besten Ergebnisse zeigt und von „2 × 128" daher tendenziell eine Verbesserung gegenüber „1 × 128" zu erwarten wäre. Der Grund dafür ist unklar. Es könnten die Folge sein von einer Aneinanderreihung von zufällig schlechteren Modellen. Durch die Kreuzvalidierung sollte dieser Zufallseinfluss verringert werden, ist jedoch bei nur fünffacher Ausführung nicht auszuschließen.

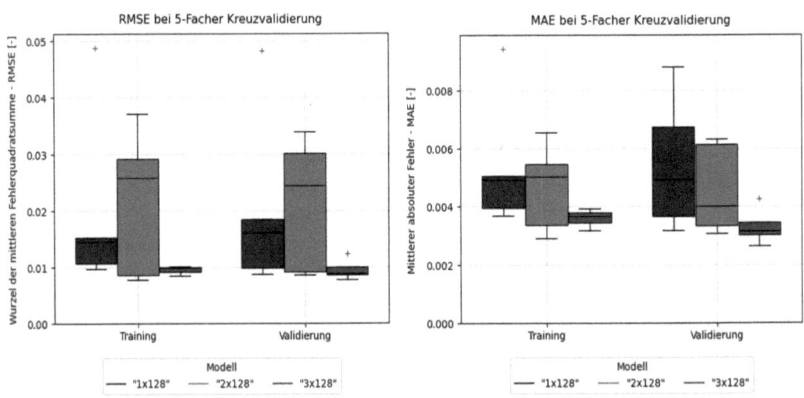

Abbildung 4.10 Auswertung der Kreuzvalidierung. (Schichtanzahl)

Wird das Augenmerk auf die je besten Modelle gelenkt, so schneiden alle bei den Metriken MAPE, MAE und RMSE ähnlich gut ab. Lediglich bei größeren Werten schneiden die Varianten „2 × 128" und „3 × 128" merklich besser ab (s. Abbildung 4.11).

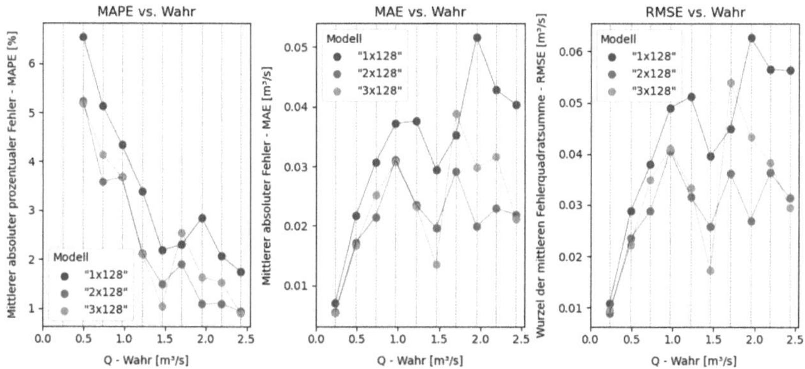

Abbildung 4.11 MAPE, MAE, RMSE nach Größenklasse des je besten Modells. (Änderung der Schichtanzahl)

Diese Tendenz bestätigt sich bei der Auswertung der Maximalwertabweichung. So weicht „1 × 128" mit 4,8 % ab, „2 × 128" mit 5,2 % und „3 × 128" am wenigsten mit 4,6 % (s. Tabelle 4.10).

Tabelle 4.10 Maximalwertabweichung des je besten Modells. (Änderung der Schichtanzahl)

Modellvariante	MAE_{max} [m³/s]	$RMSE_{max}$ [m³/s]	$MAPE_{max}$ [%]	dt [min]
"1 × 128"	0,028	0,041	4,8	0,43
"2 × 128"	0,033	0,05	5,2	1,3
"3 × 128"	0,025	0,033	4,6	0,65

Auswahl

Zusammengefasst ist der Netzaufbau „3×128" erkennbar zuverlässiger in der Kreuzvalidierung, jedoch ähnlich gut wie „2×128" bei der Betrachtung des je besten Modells. Lediglich bei der Maximalwertabweichung steht „2×128" etwas schlechter dar. Zugleich bringt höhere Komplexität der Variante „3×128" auch eine höhere Trainingszeit mit insgesamt 31 min mit sich. Ausgewählt wird hier die Variante „3×128" aufgrund der signifikant höheren Zuverlässigkeit in der Kreuzvalidierung, welche eine längere Trainingsdauer rechtfertigt.

$\rightarrow$ Ausgewählte Variante: „3×128"

4.5 Kumulativer Niederschlag

Neben den Modellvarianten in der Modellarchitektur wird nun auch eine Änderung in der Ebene Datenverarbeitung vorgenommen. Eingeführt werden soll hier eine neue Eingabevariable, die möglicherweise dem Modell hilft, Rückschlüsse zum Verhalten der Niederschlagsereignisse zu erlangen. Im Rahmen einer Vorhersage, welche maßgeblich auf Niederschlagsdaten basiert, bietet sich eine andere Form der Darstellung des Niederschlages an. Daher wird die akkumulierte Niederschlagshöhe bei fortschreitendem Ereignis mit in die ML-Modelle gegeben. Dabei wird die akkumulierte Niederschlagshöhe $h_{N,akk,t}$ je Zeitschritt nach Gl. 4.1 berechnet (Tabelle 4.11).

$$h_{N,akk,t} = \frac{\Delta t}{60} \times \sum_{i=1}^{n} i_{N,t} \qquad \text{(Gl 4.1)}$$

$$\begin{aligned}
mit \quad & h_{N,akk,t} && \textit{Akkumulierter Niederschlag je Zeitschritt } [mm] \\
& i_{N,t} && \textit{Niederschlagsintensität je Zeitschritt } [mm/h] \\
& n && \textit{Zeitschritt}[-] \\
& \Delta t && \textit{Zeitintervall}[min]
\end{aligned}$$

Tabelle 4.11 Zusammenfassung der Modellvarianten. (Kumulativer Niederschlag)

Eigenschaften	Modellvarianten	
Alias	„Normal"	„Akkumuliert"
Name	Gievenbeck_LSTM_Triple_MSE_u128_2024–05–16	Gievenbeck_LSTM_Triple_MSE_u128_accum_2024–05–17
Schacht	R0019769	R0019769
Eingabevariablen	t [min], i_N [mm/h]	t [min], i_N [mm/h], $h_{N,akk}$ [mm]
Ausgabevariablen	Q [m³/s]	Q [m³/s]
Verlustfunktion	MSE	MSE
Optimierungsmethode	Adam	Adam
Reihenfolge der Sequenzen	Gemischt	Gemischt
Netzaufbau	InputLayer — Output shape: (None, 24, 2) LSTM — Output shape: (None, 24, 128) LSTM — Output shape: (None, 24, 128) LSTM — Output shape: (None, 128) Dense — Output shape: (None, 12)	InputLayer — Output shape: (None, 24, 3) LSTM — Output shape: (None, 24, 128) LSTM — Output shape: (None, 24, 128) LSTM — Output shape: (None, 128) Dense — Output shape: (None, 12)
Gesamte Trainingszeit (min)	31	29
Gesamte Auswertung	Anhang 13	

Ergebnisse

Die Trainingszeit der Variante „Normal" ist mit 31 Minuten geringfügig höher als bei der „Akkumulierten" Variante, was jedoch kaum signifikant ist, da diese geringe Abweichung ebenfalls mit der abweichenden Auslastung des Computers durch andere Programme erklärt werden kann. Darüber hinaus liegt kein weiterer Grund vor, weshalb eine Variante mit mehr Eingabevariablen weniger Zeit benötigen sollte. Daher ist davon auszugehen, dass beide Varianten in etwa die gleiche Trainingszeit benötigen.

Bei der Kreuzvalidierung der Modellvarianten liegen beide Varianten eng beieinander. Vor allem die Bestwerte sind nahezu gleich, lediglich die Ausreißer liegen bei Variante „Akkumuliert" erkennbar höher (s. Abbildung 4.12).

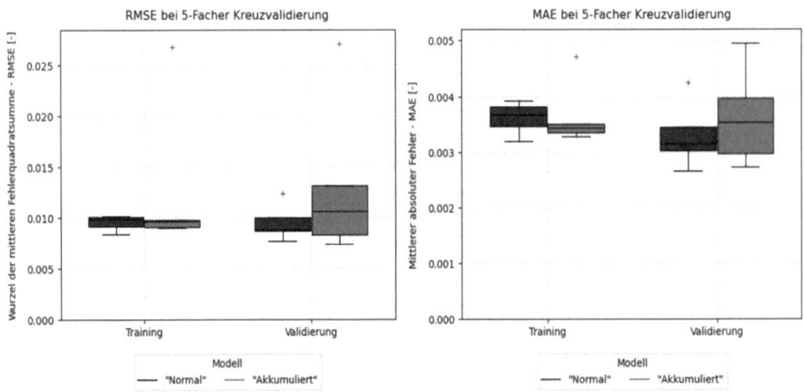

Abbildung 4.12   Auswertung der Kreuzvalidierung. (Kumulativer Niederschlag)

Ähnliches spiegelt sich bei der Auswertung des je besten Modells wider. Keine der beiden Varianten kann als signifikant besser gelesen werden, da das „Akkumulierte" Modell geringfügig besser bei der Metrik RMSE und ebenso etwas schlechter beim MAE abschneidet (Abbildung 4.13).

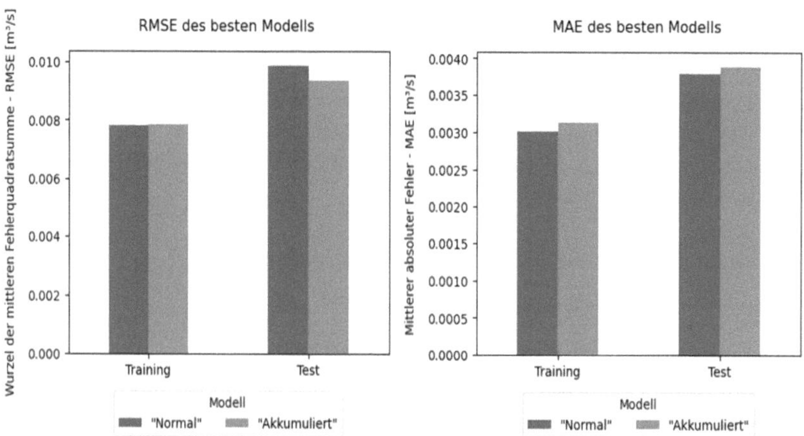

Abbildung 4.13   RMSE und MAE des jeweils besten Modells. (Kumulativer Niederschlag)

Auch bei der Auswertung der Maximalwertabweichung lässt sich keine klar bessere Variante feststellen. So liegt der MAPE der „Normalen" Variante bei 4,6 % und darunter die „Akkumulierte" Variante bei 2,6 % (s. Tabelle 4.12). Hingegen schneidet bei absoluter Betrachtung mit $RMSE_{max}$ die Variante „Normal" besser ab mit 0,033 m^3/s.

Tabelle 4.12   Maximalwertabweichung des jeweils besten Modells. (Kumulativer Niederschlag)

Modellvariante	MAE_{max} [m^3/s]	$RMSE_{max}$ [m^3/s]	$MAPE_{max}$ [%]	dt [min]
"Normal"	0,025	0,033	4,6	0,65
"Akkumuliert"	0,023	0,042	2,6	0,22

Auswahl

Die Vermutung, dass der akkumulierte Niederschlag sich positiv auf die Modellergebnisse auswirkt, kann hier nicht belegt werden, da sich bei diesen Randbedingungen kein signifikanter Vorteil feststellen lässt. Aus diesem Grund wird die vorherige Variante ohne akkumulierten Niederschlag, um das Modell schlank zu halten. Es ist jedoch denkbar, dass der akkumulierte Niederschlag in anderen Szenarien Vorteile bringen kann.

$\rightarrow$ Ausgewählte Variante: ohne akkumulierten Niederschlag

4.6   Ergänzung der Abflussmessung

Bei dieser Variante soll der aktuelle Abfluss zum Zeitpunkt einer Vorhersage mit in das Modell einfließen. Auch hierbei handelt es sich um eine Variante in der Ebene der Datenverarbeitung. Dies würde in einem realen Einsatz jedoch voraussetzen, dass eine Abflussmessung am Zielpunkt installiert ist. Daher soll diese Variante lediglich als eine Option dienen und deren Effekt ausgewertet werden. Zusätzlich eingegeben in die Modelvariante wird somit 1h des vergangenen Abflusses. Die Vermutung hierbei ist, dass vor allem frühe Zeitschritte in der Vorhersage dadurch genauer werden. Referenziert werden die Variante ohne bekannten vorherigen Abfluss mit „**Q unbekannt**" und die Variante mit bekanntem vorherigen Abfluss mit „**Q bekannt**" (Tabelle 4.13).

Ergebnisse

Wie auch in Abschnitt 4.5 lässt sich kein signifikanter Unterschied in der Trainingszeit feststellen. Bei der 5-Fachenkreuzvalidierung liegen „Q unbekannt" und „Q bekannt" annähernd gleichauf, mit Ausnahme von einem Ausreißer bei „Q bekannt". Die Bestwerte können mit leichtem Vorsprung „Q bekannt" zugeordnet werden, dies scheint jedoch nicht statistisch signifikant (s. Abbildung 4.14).

Tabelle 4.13 Zusammenfassung der Modellvarianten. (Ergänzung der Abflussmessung)

Eigenschaften	Modellvarianten	
Alias	„Q unbekannt"	„Q bekannt"
Name	Gievenbeck_LSTM_Triple_MSE_u128_2024-05-16	Gievenbeck_LSTM_Triple_MSE_u128_qKnown_2024-05-17
Schacht	R0019769	R0019769
Eingabevariablen	t [min], i_N [mm/h]	t [min], i_N [mm/h], Q_{vor} [m^3/s]
Ausgabevariablen	Q [m^3/s]	Q [m^3/s]
Verlustfunktion	MSE	MSE
Optimierungsmethode	Adam	Adam
Reihenfolge der Sequenzen	Gemischt	Gemischt
Netzaufbau	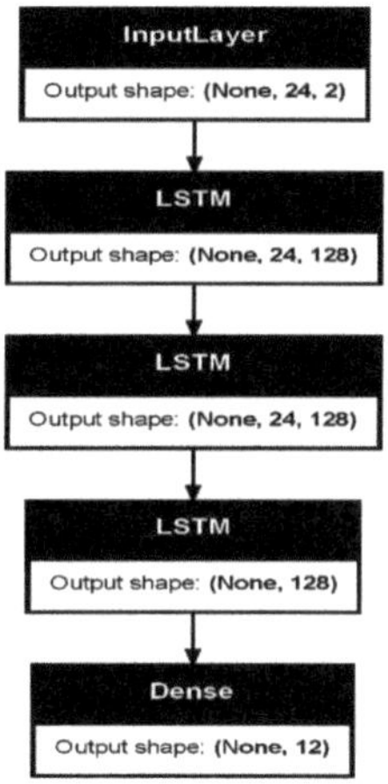 InputLayer — Output shape: (None, 24, 2) → LSTM — Output shape: (None, 24, 128) → LSTM — Output shape: (None, 24, 128) → LSTM — Output shape: (None, 128) → Dense — Output shape: (None, 12)	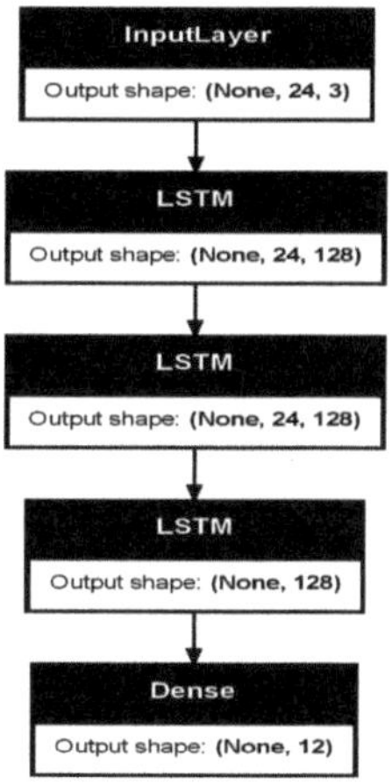 InputLayer — Output shape: (None, 24, 3) → LSTM — Output shape: (None, 24, 128) → LSTM — Output shape: (None, 24, 128) → LSTM — Output shape: (None, 128) → Dense — Output shape: (None, 12)
Trainingszeit (min)	31	29
Gesamte Auswertung	Anhang 14	

Werden wiederum die jeweils besten Modelle betrachtet, so zeichnet sich weiterhin eine leichte Tendenz mit besseren Ergebnissen für „Q bekannt" ab (s. Abbildung 4.15).

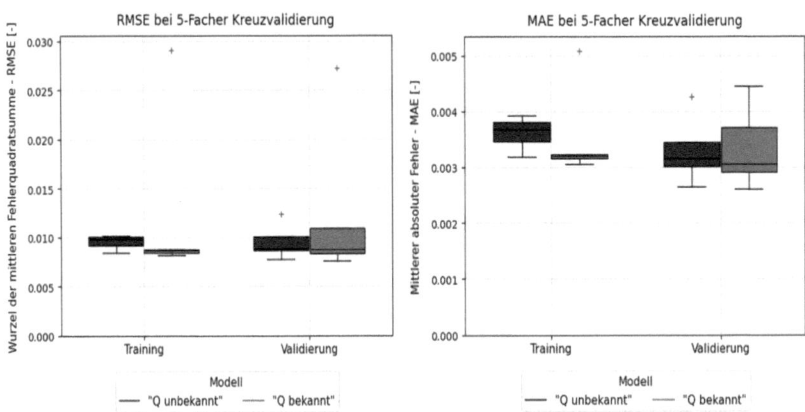

Abbildung 4.14   Auswertung der Kreuzvalidierung. (Ergänzung der Abflussmessung)

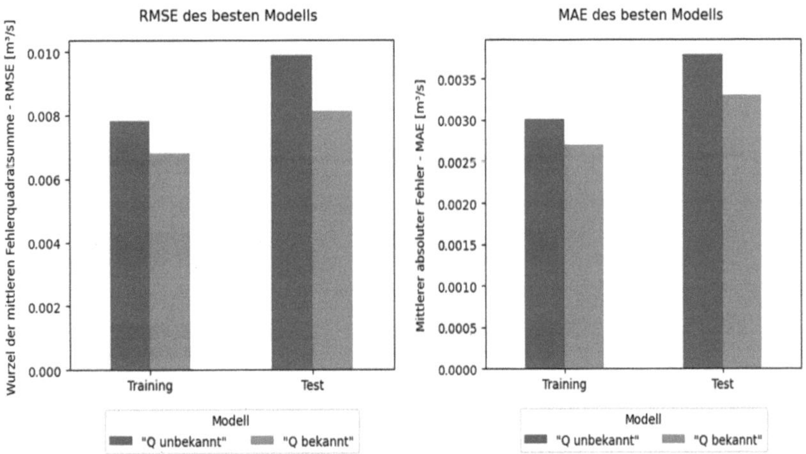

Abbildung 4.15   RMSE und MAE des jeweils besten Modells. (Ergänzung der Abflussmessung)

Werden die Metriken nach Größenklasse aufgeschlüsselt, so zeigt „Q bekannt"
über die Größenklassen hinweg etwas stabilere Ergebnisse und tendenziell auch
besser (Abbildung 4.16).

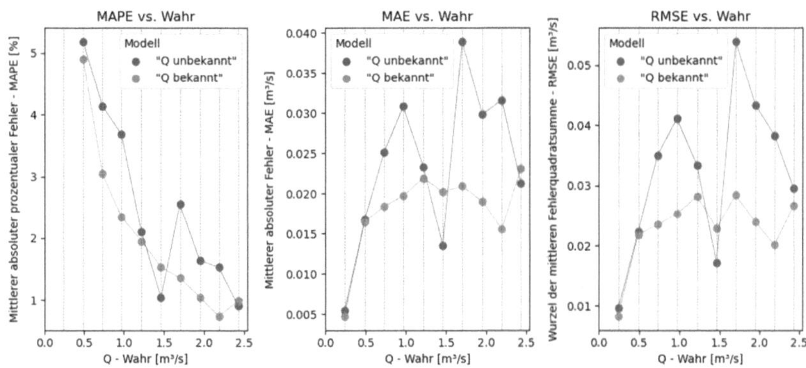

Abbildung 4.16 MAPE, MAE, RMSE nach Größenklasse des jeweils besten Modells. (Ergänzung der Abflussmessung)

Wird hingegen die Maximalwertabweichung betrachtet, so schneiden „Q unbekannt" mit 4,6 % und „Q bekannt" mit 4,4 % annähernd gleich ab. Auch die absoluten Werte $RMSE_{max}$ und MAE_{max} sowie die Zeitabweichung dt zeigen leichte Verbesserungen durch die Integration von Abflussmessungen (Tabelle 4.14).

Tabelle 4.14 Maximalwertabweichung des je besten Modells. (Ergänzung durch Abflussmessung)

Modellvariante	MAE_{max} [m^3/s]	$RMSE_{max}$ [m^3/s]	$MAPE_{max}$ [%]	dt [min]
"Q unbekannt"	0,025	0,033	4,6	0,65
"Q bekannt"	0,021	0,026	4,4	0,22

Auswahl

Bezogen auf das betrachtete EZG in Gievenbeck, lässt sich ein nur geringer Mehrwert von bekannten vorherigen Abflüssen gewinnen. Allerdings wäre es denkbar, dass komplexere Kanalnetze davon mehr profitieren könnten. Da die Anpassung keine erkennbare Verlängerung der Trainingszeit zur Folge hat, ist es zumindest empfehlenswert, die Abflussmessung, falls vorliegend, mit in das Training zu integrieren. Da dies nur eine optionale Änderung darstellt, wird keine Variante ausgewählt und lediglich eine Empfehlung ausgesprochen.

→ Falls aktuelle Abflussmessung vorhanden ist, sollte diese in das Training integriert werden

4.7   Darstellung der finalen Modellvariante

Mit den verschiedenen Varianten in der Herleitung des ML-Modells hat sich eine signifikante Verbesserung der Vorhersagen abgezeichnet. Um nun das finale Modell einzuordnen, werden die Änderungen zusammengefasst und das finale Modell mit dem initialen Modell verglichen.

Wird die Entwicklung des Modells betrachtet, so lässt sich diese wie in Tabelle 4.15 darstellen. Aufgeführt sind die jeweiligen Anpassungen, sowie die ausgewählten Varianten, zusammen mit den Werten für den RMSE der Testdaten sowie der durchschnittlichen Maximalwertabweichung in %. Diese beiden Auswertemetriken sind nicht der alleinige Grund für die Auswahl einer Variante, stellen jedoch die Entwicklung der Modellgüte gut dar. Beobachtet werden kann eine deutliche Reduzierung der Maximalwertabweichung von einem Startwert bei 9,4 % bis hin zu 4,6 % und bei bekannten Abflussmessungen bis zu 4,4 %. Das finale Modell ist dabei namentlich die Variante „**Gievenbeck_LSTM_Triple_MSE_u128_2024–05–16**", welches aus dem Vergleich der Schichtanzahl hervorgeht.

Tabelle 4.15 Zusammenfassung der Modellentwicklung

Vergleich	Auswahl	RMSE	Mittlere Maximalwertabweichung	Kapitel
Initiales Modell	–	**0,026 m^3/s**	**9,4 %**	**4**
Verlustfunktion	„Loss MSE"	0,019 m^3/s	9,9 %	4.1
Mischung der Sequenzen	„Gemischt"	0,019 m^3/s	9,9 %	4.2
Neuronenanzahl	„128"	0,012 m^3/s	4,8 %	4.3
Schichtanzahl	„3 × 128"	0,01 m^3/s	4,6 %	4.4
Kumulativer Niederschlag	Ohne kumulativen Niederschlag	0,01 m^3/s	4,6 %	4.5
Ergänzung der Abflussmessung	–	(0,008)[1]	(4,4 %)[1]	4.6

[1] Dieser Wert ist nur optional, wenn der vorherige Abfluss bekannt sein sollte

Vergleich der initialen und finalen Variante

Im finalen Vergleich werden das initiale Modell **„Gievenbeck_LSTM_Single_MAE2024–05–16"** (s. Tabelle 4.2) und das finale Modell **„Gievenbeck_LSTM_Triple_MSE_u128_2024–05–16"** (s. Tabelle 4.9) gegenübergestellt. Im nachfolgenden Text und den Darstellungen werden die Varianten als **„Initial"** und **„Final"** Referenziert (Tabelle 4.16).

Bei der ersten Betrachtung der beiden Modellvarianten, fällt zunächst der deutliche Unterschied der Trainingszeiten auf. Das initiale Modell trainiert mit einer Gesamtzeit von 4 Minuten mehr als siebenmal schneller als die finale Variante, welche 31 Minuten benötigt. Diese Zeiten sind jedoch mit Blick auf die Systemspezifikationen (s. Abschnitt 3.2.5) zu betrachten und es gilt ebenfalls zu beachten, dass diese Modelle alle mit dem Prozessor und nicht der Grafikkarte berechnet wurden.

Tabelle 4.16 Zusammenfassung der Modellvarianten. (Initial vs. Final)

Eigenschaften	Modellvarianten	
Alias	„Initial"	„Final"
Name	Gievenbeck_LSTM_Single_MSE2024–05–16	Gievenbeck_LSTM_Triple_MSE_u128_2024–05–16
Schacht	R0019769	R0019769
Eingabevariablen	t [min], iN [mm/h]	t [min], i_N [mm/h]
Ausgabevariablen	Q [m³/s]	Q [m³/s]
Verlustfunktion	MAE	MSE
Optimierungsmethode	Adam	Adam
Reihenfolge der Sequenzen	Gemischt	Gemischt
Netzaufbau	InputLayer — Output shape: (None, 24, 2); LSTM — Output shape: (None, 32); Dense — Output shape: (None, 12)	InputLayer — Output shape: (None, 24, 3); LSTM — Output shape: (None, 24, 128); LSTM — Output shape: (None, 24, 128); LSTM — Output shape: (None, 128); Dense — Output shape: (None, 12)
Trainingszeit (min)	4	31
Gesamte Auswertung	Anhang 15	

Um die Prozessorabhängigkeit zu verdeutlichen, wurden dieselben Modelle erneut trainiert, jedoch diesmal mit der Grafikkarte (GPU) des Computers. In Abbildung 4.17 sind die Trainingszeiten für die Grafikkarte aufgeführt, gekennzeichnet mit den Namen **„Initial GPU"** und **„Final GPU"**. Dabei fällt auf, dass das weniger komplexe initiale Modell nun 5 Minuten benötigt und das komplexere finale Modell mit 14 Minuten nur noch die Hälfte der vorherigen Trainingszeit. Damit relativieren sich die Zeitunterschiede etwas und das initiale Modell ist lediglich dreimal schneller im Training (Abbildung 4.17.). Der Vollständigkeit halber sollte erwähnt werden, dass die Trainingszeit nichts mit der tatsächlichen Berechnungszeit einer Vorhersage zu tun hat und lediglich bei der Entwicklung eines Modells von Relevanz ist.

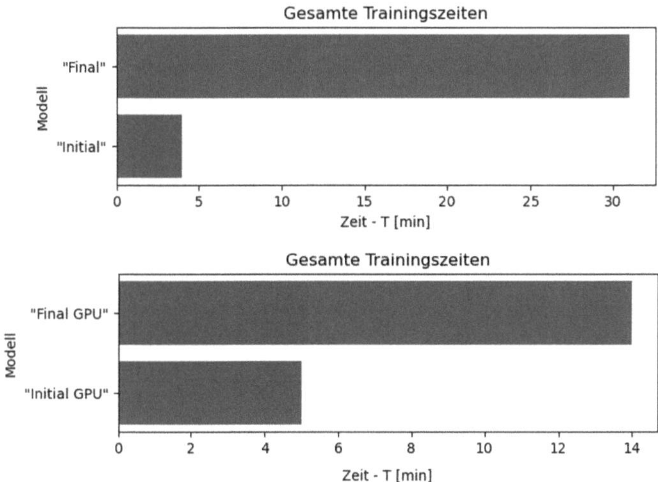

Abbildung 4.17 Trainingszeiten des initialen und finalen Modells, berechnet mit Prozessor (Oben) und mit Grafikkarte (Unten)

Wird die Modellgüte betrachtet, so liegt die finale Variante deutlich vorne. Bei der Kreuzvalidierung zeigt sich eindeutig, dass die finale Variante wesentlich bessere Genauigkeiten hervorbringt und das initiale Modell nicht ein einziges Mal besser abschneiden kann (s. Abbildung 4.18).

Gleiches zeichnet sich bei Betrachtung der jeweils besten Modelle ab. Ein Blick auf die Abbildung der Residuen zeigt, dass das finale Modell erheblich geringere Residuen bildet mit deutlich kleineren Ausreißern. Das initiale Modell hingegen erzeugt deutlich mehr Streuung bei den Residuen (s. Abbildung 4.19).

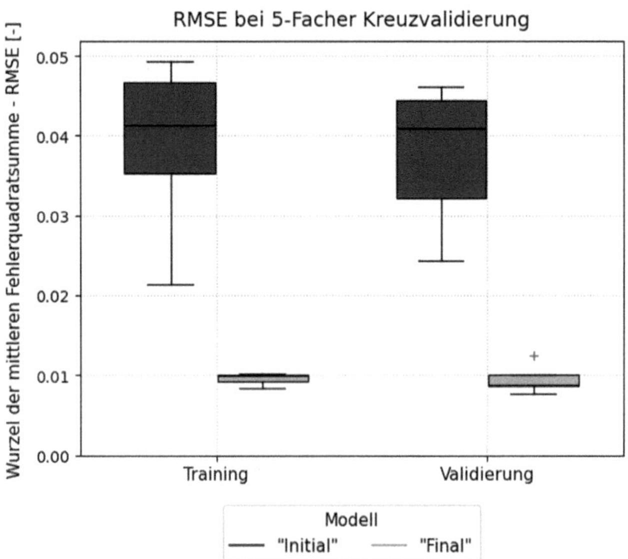

Abbildung 4.18   Auswertung der Kreuzvalidierung. (Initial vs. Final)

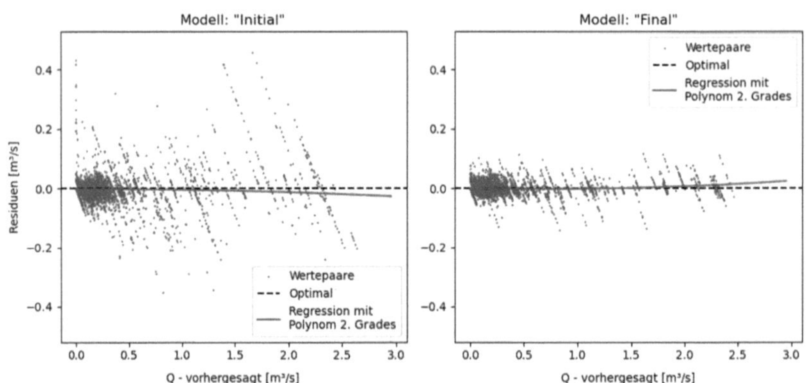

Abbildung 4.19   Darstellung der Residuen des je besten Modells. (Initial vs. Final)

Konkret können auch einzelne Vorhersagen betrachtet werden, an denen sich die Entwicklung des Modells erkennen lässt. Beispielhaft sind dazu drei Vorhersagesequenzen dargestellt, mit Vorhersagen beider Modellvarianten, den wahren Werten und Niederschlagsintensitäten (s. Abbildung 4.20). Die finale Modellvariante bildet in allen aufgeführten Ereignissen den Verlauf des Abflusses und den Maximalwert besser ab.

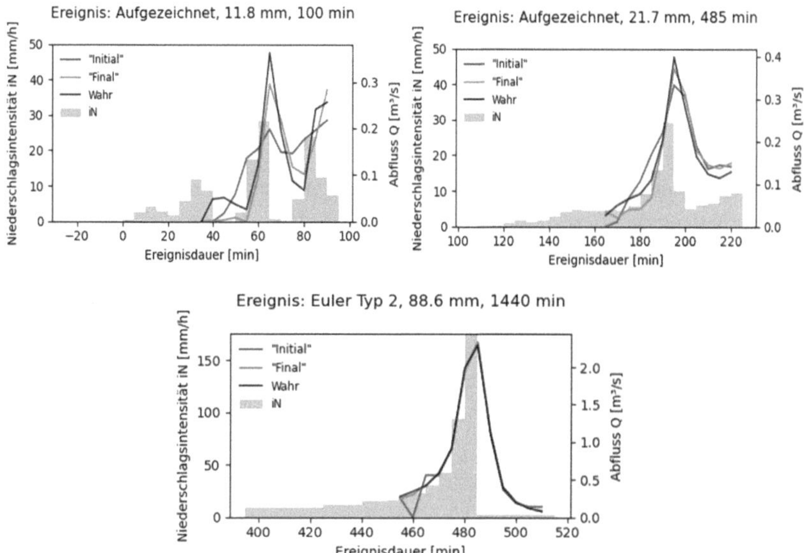

Abbildung 4.20 Vorhersage von drei Ereignissen bei Maximalwert

4.8 Auswertung der Berechnungszeit

Teil der Untersuchungen in dieser Arbeit ist es, die Berechnungszeiten des SWMM-Modells und des erstellten ML-Modells zu vergleichen. Dazu soll ein vergleichbares Vorhersagebeispiel herangezogen werden, das möglichst gleiche Rahmenbedingungen für beide Modelle anbietet. Berechnet werden soll daher ein Ereignis, welches nicht länger als die Sequenzlänge des ML-Modells ist. Geeignet ist dafür ein 30-minütiger Modellregen mit einem Wiederkehrintervall von

2 Jahren. Um das Ereignis an die Sequenzlänge des ML-Modells anzupassen, werden 1 h Vorlaufzeit und 0,5 h Nachlaufzeit hinzugefügt.

Beide Berechnungen werden in Python ausgeführt, um eine exakte Zeit in Millisekunden messen zu können. Dabei werden SWMM-Modell sowie ML-Modell auf dem Prozessor berechnet, damit die gleiche Rechenleistung für beide Modelle zur Verfügung steht. Hier gilt erneut zu erwähnen, dass die Berechnungszeit des ML-Modells nicht die Trainingszeit darstellt, sondern die tatsächliche Zeit, die das fertige Modell für eine Vorhersage benötigt. Bei Ausführung der Vorhersagen benötigte das SWMM-Modell eine Berechnungszeit von 197 ms. Hingegen das ML-Modell bestehend aus dem neuronalen Netz, benötigte 60 ms für eine Vorhersage.

Ergänzend zu diesem Berechnungsbeispiel wird ebenfalls eine weitere Berechnung mit dem ML-Modell erstellt, welche alle Sequenzen aller Testereignisse vorhersagt. Diese umfasst 1788 Vorhersagen und soll dazu dienen, umfänglichere Aussagen über die Berechnungszeit des ML-Modells darzulegen. Die Zeit für die Berechnung aller 1788 Sequenzen beträgt hier 593 ms und ist zusammen mit den Einzelberechnungen in Abbildung 4.21 in einem Balkendiagramm dargestellt. Betitelt werden die Berechnungszeit des SWMM-Modells mit „SWMM", des ML-Modells für eine einzelne Sequenz mit „LSTM 1x" und die Berechnungszeit des ML-Modells für alle Testsequenzen mit „LSTM 1788x".

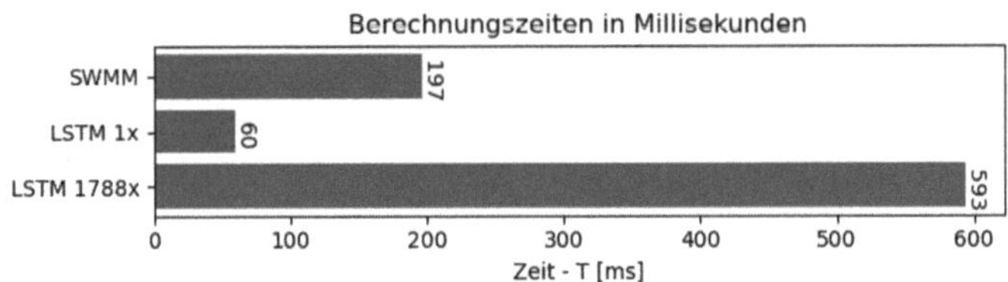

Abbildung 4.21 Vergleich der Berechnungszeiten des SWMM-Modells und des LSTM-Netzes

Bei Betrachtung der Berechnungszeiten fällt schnell auf, dass das ML-Modell bzw. das LSTM-Netz in diesem Vergleich einen erheblichen Effizienzvorteil zeigt und mehr als **dreimal schneller** rechnet. Hinzu kommt das Berechnungsbeispiel der 1788 Sequenzen, welche innerhalb von 593 Millisekunden berechnet wurden. Demnach hätte eine Berechnung einer Sequenz der 1788 Sequenzen lediglich 0,3

Millisekunden benötigt. Dies würde eine 600-mal schnellere Berechnung als das SWMM-Modell bedeuten.

Diese erhebliche Beschleunigung ist wahrscheinlich auf eine bessere Ausnutzung mehrerer Prozessorkerne zurückzuführen, lässt jedoch auch vermuten, dass das ML-Modell noch mehr Effizienzpotenzial zu bieten hat, als es bei einer einzigen Sequenz zu erkennen ist.

Modellübertragung 5

In diesem Kapitel wird die Übertragbarkeit des Modells auf andere Randbedingungen untersucht. Hierzu soll das bestehende SWMM-Modell abgeändert werden, sodass ein anderer und auch komplexerer Anwendungsfall entsteht. Für das bereits bestehende Untersuchungsgebiet Gievenbeck (s. Abschnitt 3.3.1) wird daher ein Regenklärbecken (RKB) nach dem aktuellen Stand der Technik ausgelegt. Dies bringt eine zusätzliche Speicherkomponente mit sich, mit der das Modell umgehen muss.

5.1 Erstellung des Anwendungsbeispiels

Erstellt wird ein RKB ohne Dauerstau, um eine Rückhaltewirkung zu erzielen. Das Becken wird nach jedem Niederschlagsereignis vollständig entwässert, sodass es zu Beginn jedes neuen Niederschlagsereignisses leer ist. Die Entwässerung erfolgt dabei in den Schmutzwasserkanal. Platziert wird das Becken unmittelbar vor den bereits bestehenden Einleitstellen in den Kinderbach bei Schacht R0019769 (s. Abbildung 5.1). Da der Klärüberlauf eine spezifische Schwellenbelastung von 75 l/(s*m) nicht überschreiten darf, ist ein separater Beckenüberlauf angeordnet, der das Bauwerk entlasten kann (DWA-A 166 2013).

Ergänzende Information Die elektronische Version dieses Kapitels enthält Zusatzmaterial, auf das über folgenden Link zugegriffen werden kann https://doi.org/10.1007/978-3-658-51214-9_5.

Bemessung des RKB

Die Bemessung des Beckenvolumens erfolgt nach der Richtlinie DWA-A 102–2/ BWK-A 3–2 (2020). Für die Auslegung der Maße wird das Arbeitsblatt DWA-A 166 (2013) herangezogen. Die detaillierte Bemessung des Beckenvolumens befindet sich im Anhang 17 und der Nachweis der Beckenabmessungen im Anhang 18.

Das erforderliche Volumen des Beckens beträgt 44 m3. Aufgrund der Anforderungen des DWA-A 166 (2013) ist jedoch ein größeres Volumen von 96 m3 notwendig, um die Mindestwassertiefe von 2 m zu gewährleisten. Die spezifische Schwellenbelastung bzw. der maximale Abfluss des Klärüberlaufes liegt mit einer Wehrbreite von 4 m bei 300 l/s.

Anpassung des SWMM-Modells

Diese Randbedingungen des RKB werden in das SWMM-Modell aus Abschnitt 3.4 integriert. Der betroffene Ausschnitt im SWMM-Modell ist in Abbildung 5.1 dargestellt und zeigt das Becken, den Klärüberlauf mit begrenztem Abfluss sowie den Beckenüberlauf. Dadurch, dass jedes Niederschlagsereignis separat simuliert wird, ist es nicht notwendig, die Entleerung in den Schmutzwasserkanal in das Modell zu integrieren.

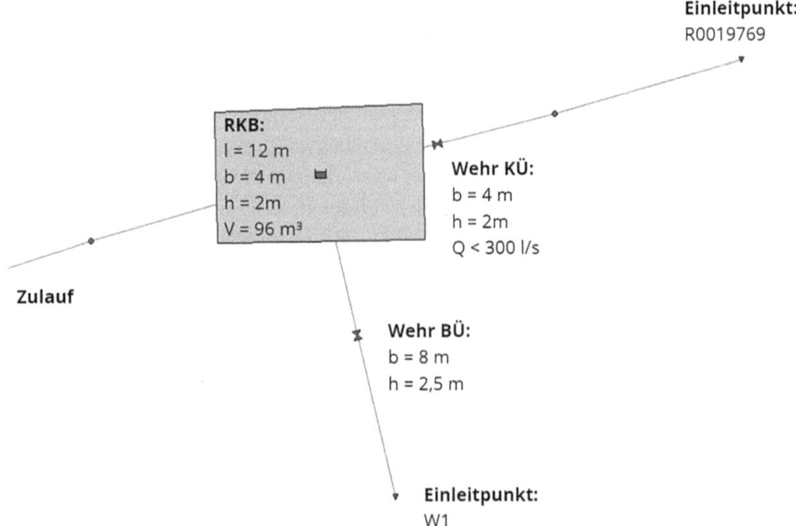

Abbildung 5.1 Darstellung des RKB ohne Dauerstau

Das neu entstandene SWMM-Modell wird gemäß dem Vorgehen in Abschnitt 3.4 nun auf alle Niederschlagsereignisse übertragen und simuliert.

5.2   Training und Auswertung des ML-Modells

Betrachtet wird hier der Einleitpunkt „W1" hinter dem Beckenüberlauf, weshalb das Modell zum Ziel hat, Entlastungsereignisse zu erkennen sowie den Durchfluss zu quantifizieren. Dazu wird die Modellarchitektur aus dem finalen Modell (s. Abschnitt 4.7) auf die neuen Simulationsergebnisse übertragen. Das Training und die Datenverarbeitung folgen auch hier den Methoden aus Abschnitt 3.6 und das Modell wird anschließend ausgewertet, wie in Abschnitt 3.7 erläutert.

Es ist zu erwähnen, dass durch die Änderung der Gegebenheiten lediglich 10 der 23 Testereignisse in einer Entlastung am Beckenüberlauf resultieren, weshalb die Auswertung hier weniger Referenzpunkte bei der Berechnung der Metriken bietet. Die Ergebnisse sind dadurch zwar weniger vielfältig, jedoch aussagekräftig genug für eine Einordnung des Modells. Die gesamte Auswertung des Modells ist in Anhang 16 dargestellt.

Der RMSE des Modells liegt für die Trainingsdaten bei 0,038 m3/s und für die Testdaten bei 0,046 m3/s und ist damit ca. 4,6-mal höher als bei dem Untersuchungsgebiet ohne RKB. Bei Betrachtung der Auswertungen nach Größenklasse der Zielwerte zeigen sich ebenfalls deutliche Einbußen in der Genauigkeit gegenüber dem Modell ohne RKB (s. Abbildung 5.2). Vor allem im Wertebereich 0,6 bis 0,8 m3/s mit einem mittleren Fehler über 30 %.

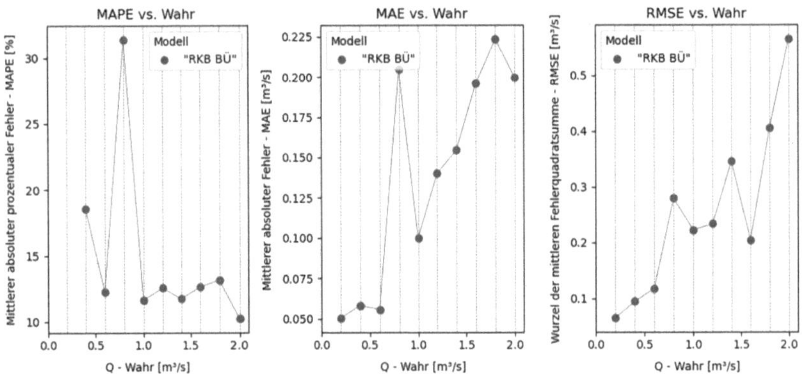

Abbildung 5.2 Auswertung der Vorhersage des Beckenüberlaufs im Regenklärbecken nach Größenklasse der Zielwerte

Werden die Maximalwertabweichungen untersucht, so lässt sich ein mittlerer Fehler (MAPE) von 8,2 % feststellen, welcher deutlich unter den jeweiligen Fehlern der Größenklassen liegt (s. Abbildung 5.2).

Tabelle 5.1 Maximalwertabweichung des je besten Modells (Modellübertragung)

Modellvariante	MAE_{max} [m³/s]	$RMSE_{max}$ [m³/s]	$MAPE_{max}$ [%]	dt [min]
"RKB BÜ"	0,071	0,135	8,2	0

Bei genauerer Untersuchung einzelner Ereignisse zeigt sich, warum diese Abweichung zustande kommt. Sobald die Abflussspitzen 5 Minuten und somit unmittelbar nach dem Vorhersagezeitpunkt auftreten, so hat das Modell Probleme, diese vorherzusagen. Dies wurde bei mehreren Ereignissen beobachtet und sieht im Detail so aus wie in Abbildung 5.3 dargestellt. Gegenübergestellt ist eine Vorhersage, in der bei dem gleichen Ereignis die Abflussspitze 30 Minuten nach dem Vorhersagezeitpunkt erfasst wird und dann hingegen kaum Abweichung zeigt. Durch diesen Unterschied ist es möglich, dass bei Betrachtung der Fehler nach Größenklasse das Modell merklich schlechter abschneidet als bei der Maximalwertabweichung.

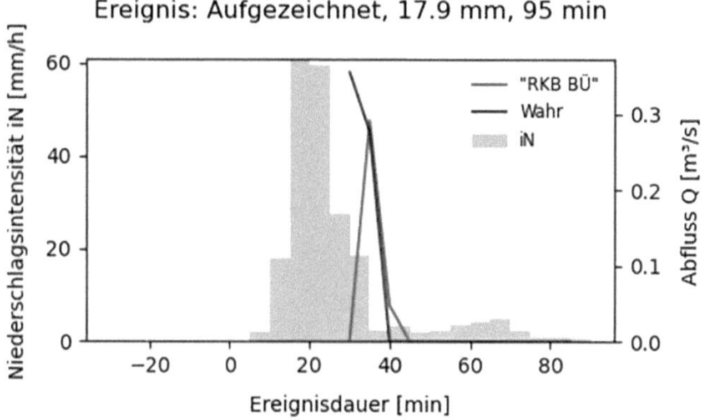

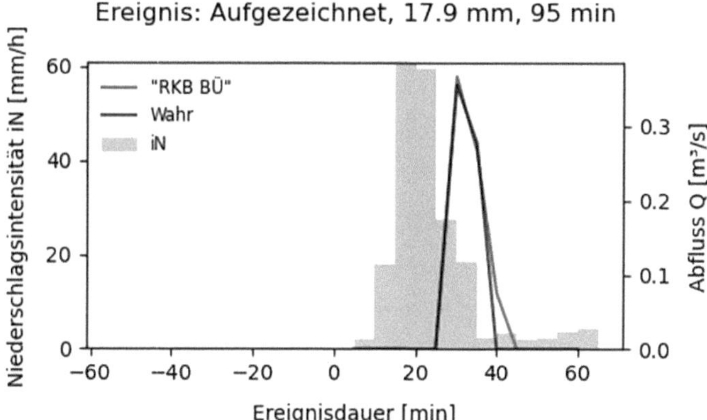

Abbildung 5.3 Darstellung einer Vorhersage des Beckenüberlaufs mit der Abflussspitze 5 min nach Vorhersagezeitpunkt (oben) und Abflussspitze 30 min nach Vorhersagezeitpunkt (unten)

Programm UrbanML 6

Als Nebenprodukt dieser Arbeit wurde ein Programm entwickelt, mit dem die Erstellung eines solchen ML-Modells für Abflussvorhersagen automatisiert werden kann. Es ermöglicht dem Anwender, ein beliebiges SWMM-Modell als Basis für das Training eines eigenen ML-Modells zu verwenden. Dabei werden die folgenden Prozesse unterstützt:

1. Simulation des ausgewählten SWMM-Modells mit allen Niederschlagsereignissen aus Abschnitt 3.3.2
2. Auslesen und Aufbereiten der Simulationsdaten
3. Training des ML-Modells anhand der Simulationsdaten
4. Auswertung und Vergleich der trainierten ML-Modelle

Dadurch, dass die Erläuterung des Programms keinen Mehrwert für das Verständnis der Ergebnisse bietet, wurde die **Anleitung zur Installation und die Anwendung im Anhang 1 platziert**. Dies soll an dieser Stelle nicht den Lesefluss stören, sondern potenziellen Anwendern die Möglichkeit geben, die Installation und Anwendung nachzuvollziehen.

Ergänzende Information Die elektronische Version dieses Kapitels enthält Zusatzmaterial, auf das über folgenden Link zugegriffen werden kann https://doi.org/10.1007/978-3-658-51214-9_6.

Ergebnisse und Diskussion 7

7.1 Einordnung der Ergebnisse

Im Lauf dieser Arbeit wurden verschiedene Ergebnisse vorgestellt, die zur Erstellung und Beurteilung des ML-gestützten Abflussmodells beitragen. Da es in dieser Arbeit kein zentrales Ergebniskapitel gibt, werden diese hier zusammengetragen und eingeordnet.

7.1.1 Ergebnisse der Herleitung

In der Herleitung des Modells (s. Kapitel 4) wurden für den Schacht R0019769 des Untersuchungsgebietes verschiedene Modellvarianten untersucht, um ein möglichst genaues ML-Modell zu ermitteln. In dem Entwicklungsprozess hat sich eine finale Modellvariante ergeben, bei der es sich um ein LSTM-Netz mit 3 Neuronenschichten je 128 Neuronen handelt. Dabei dienen die Niederschlagsintensität und die Ereignisdauer als Eingabe in das Modell.

Genauigkeit
Verglichen mit dem initialen Modell wurde eine signifikante Verbesserung der Genauigkeit festgestellt. Der **RMSE** des ML-Modells wurde so **von 0,026 m³/s auf 0,01 m³/s** verbessert (Abbildung 7.1). Gleiches lässt sich auch bei der **Maximalwertabweichung** beobachten, welche **von 8,4 % auf 3,2 %** gesenkt wurde (s. Abschnitt 4.7).

© Der/die Autor(en), exklusiv lizenziert an Springer Fachmedien Wiesbaden GmbH, ein Teil von Springer Nature 2026
F. Albers, *Machine Learning-gestützte Abflussvorhersagen in Abwassernetzen*, Forschungsreihe der FH Münster, https://doi.org/10.1007/978-3-658-51214-9_7

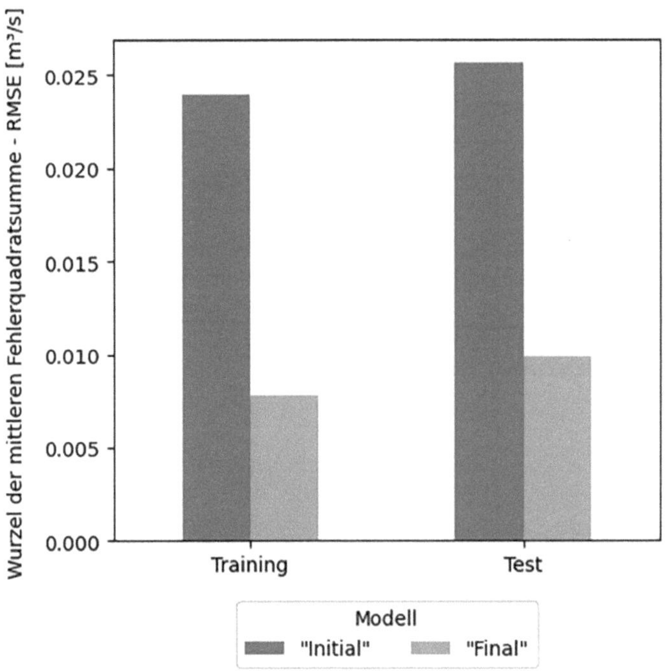

Abbildung 7.1 RMSE und MAE des je besten Modells. (Initial vs. Final)

Im Laufe der Herleitung (s. Kapitel 4) fiel auf, dass die **substanziellen Verbesserungen nur mit Anpassungen in der Modellarchitektur** erzielt werden konnten (z. B. Verlustfunktion, Neuronenanzahl, Schichtanzahl). Hingegen haben Anpassungen in der Datenverarbeitung bzw. die Einführung neuer Eingabemerkmale (z. B. kumulativer Niederschlag) keine signifikanten Verbesserungen gebracht. Denkbar ist dennoch, dass Variablen wie diese in anderen komplexeren Untersuchungsgebieten eine Rolle spielen können.

Da alle ML-Modellvarianten bisher lediglich im Vergleich zu anderen Varianten bewertet wurden, stellt sich die Frage, wie gut die Ergebnisse in einer absoluten Betrachtung sind. Herangezogen werden kann dafür das Bewertungsschema für die Güte der Kalibrierungen von Simulationsmodellen in der Siedlungsentwässerung nach DWA-M 165 (2021).

Diese werden bewertet nach der Maximalwertabweichung. Dabei handelt es sich um die prozentuale Abweichung des gemessenen Maximalwertes zum simulierten Maximalwert (s. Tabelle 7.1). Gleiches wurde auch in den Auswertungen hier ermittelt, jedoch als Durchschnittswert.

Tabelle 7.1 Bewertung der Kalibrierung von Simulationen nach Maximalwertabweichung DYMAX (DWA-M 165 2021)

	Gut	Mittel	Unbefriedigend
DYMAX [%]	< 15	15−25	> 25

Ordnet man diese durchschnittliche Maximalwertabweichung der Modellvarianten in Tabelle 4.15 ein, so schneiden alle mit **„gut"** ab, da jegliche Variante unter 15 % Abweichung liegt.

Trainingszeit

Neben der Genauigkeit des Modells hat sich die Trainingszeit verändert. Diese stieg von 4 min mit der initialen Variante auf **31 min** der finalen Variante (Abschnitt 4.7). Zurückzuführen ist der Anstieg auf die gesteigerte Komplexität des Modells durch mehr Neuronen und mehr Schichten.

Wird die Trainingszeit hingegen bei der Berechnung mit der Grafikkarte gemessen, so dauerte das Training des finalen Modells nur noch 14 Minuten, während sich das initiale Modell leicht verlangsamt hat auf 5 Minuten. Aus diesem Grund dürfen die Trainingszeiten nicht einseitig betrachtet werden, da Hardwarespezifikationen eine entscheidende Rolle spielen.

Grundsätzlich ist jedoch zu sagen, dass mehr Komplexität im Aufbau des neuronalen Netzes mehr Trainingszeit zur Folge hat. Jedoch ist selbst die Trainingszeit der komplexesten Modellvariante mit 31 min nur ein marginaler zeitlicher Aufwand im Rahmen der gesamten Entwicklung eines solchen Modells. Zudem hat in diesem Anwendungsfall die Trainingszeit zu keinerlei Einschränkungen in der Entwicklung geführt.

Berechnungszeit

Verglichen wurden zudem auch die Berechnungszeiten des SWMM-Modells und des ML-Modells in einem äquivalenten Berechnungsbeispiel (Abschnitt 4.8). Dies ergab, dass das entwickelte ML-Modell eine Vorhersage mit 60 ms mehr als **3-mal schneller** vorhersagt als das äquivalente SWMM-Modell.

In einem erweiterten Versuch wurden daher mit dem ML-Modell alle 1788 Testsequenzen vorhergesagt. In diesem Fall wurde eine Vorhersage im Schnitt sogar

600-mal schneller berechnet. Es ist daher davon auszugehen, dass komplexere oder multiple Vorhersagen eine deutliche höhere Beschleunigung erwarten gegenüber einzelnen wenig komplexen Vorhersagen.

Die Ergebnisse der Berechnungszeit bestätigen die anfängliche Annahme und die Funde anderer Literatur wie Palmitessa et al. (2022) sowie Kochkov et al. (2021), dass ML eine deutliche Beschleunigung der Berechnungszeit mit sich bringen kann.

Wird dies in den Kontext von Echtzeitvorhersagen gesetzt, so ist das ML-Modell gut geeignet und bringt in einem Bruchteil einer Sekunde Vorhersagen zum Abfluss. Gleiches muss jedoch auch für das SWMM-Modell gesagt werden, welches zwar erheblich langsamer war, jedoch in diesem Sachverhalt eindeutig für Echtzeit-vorhersagen genutzt werden könnte. Für wesentlich komplexere Gebiete wäre es denkbar, dass eine kürzere Berechnungszeit dennoch ausschlaggebend in der Wahl der Vorhersagemethodik sein kann.

7.1.2 Ergebnisse der Modellübertragung

Für die Übertragung des ML-Modells wurde ein weiteres Anwendungsbeispiel in Kapitel 5 aufgesetzt. Genutzt wurde dazu das bestehende Untersuchungsgebiet mit einem zusätzlichen Regenklärbecken vor der Einleitstelle in den Vorfluter, um ein Kanalnetzsystem mit höherer Komplexität darzustellen. Anschließend wurde das ML-Modell auf die neuen Simulationen trainiert und ausgewertet.

Insgesamt zeigten sich schlechtere Ergebnisse als im ursprünglichen System ohne Regenklärbecken. Die Maximalwertabweichung erhöht sich von 4,4 % (ohne RKB) auf 8,2 % (mit RKB). Gleiches ist bei der generellen Modellgüte zu erkenne und es steigert sich der RMSE bei den Testdaten um das 4,6-fache auf 0,046 m³/s.

Wird das neue Modell nur für sich betrachtet, so fällt eine Diskrepanz auf zwischen der Maximalwertabweichung und den prozentualen Abweichungen nach Größenklasse. Die Maximalwertabweichung zeigt sich dabei nämlich deutlich genauer als die generellen Metriken aller Werte. Diese wurden wahrscheinlich ausgelöst durch hohe Abweichungen bei Vorhersagen, in denen der Spitzenab-fluss unmittelbar nach dem Vorhersagezeitpunkt auftritt. Die Auswirkungen sind eine starke Beeinflussung der Metrik (MAPE), besonders betroffen sind Abflüsse zwischen 0,6 m³/s und 0,8 m³/s mit 30 % mittlerer Abweichung.

Dieses Problem scheint jedoch nicht von großer Bedeutung zu sein, da zum einen dies höchstwahrscheinlich mit erneutem Training oder anderen Anpas-sungen im Modell behoben werden könnte. Dadurch, dass nur der Zeitpunkt unmittelbar nach der Vorhersage betroffen ist, ist die Vorhersage ohnehin nicht mehr von maßgebender Relevanz, solange die längeren Vorhersagehorizonte genau sind.

Diese grundlegende Verschlechterung der Genauigkeit war jedoch zu erwarten, da das Modell an einem einfacheren Sachverhalt entwickelt wurde. Wird erneut die Genauigkeit bewertet, so ist das übertragene Modell dennoch mit einer **Maximalwertabweichung <15 % als „gut" einzuordnen** gemäß Tabelle 7.1.

Die gesamte Übertragung des ML-Modells auf ein anderes SWMM-Modell ging dabei schnell vonstatten. Benötigt wurde dazu nur noch eine Simulationsdatei für das neue SWMM-Modell. Mithilfe des entwickelten Programms für die Erstellung des ML-Modells konnte dann mit Angabe der neuen INP-Datei ein neues ML-Modell erstellt werden. Diese Prozesse der Simulation, des Trainings und der Auswertung dauerten zusammen weniger als 1 h. Das zeigt, dass mit wenig Aufwand ein ML-Modell erstellt werden konnte. Dabei war die Modellarchitektur bereits aus der Herleitung vorgegebene, weshalb keine ML-Parameter mehr festgelegt werden mussten. Somit könnten potenziell auch Anwender ohne Kenntnis von ML ein solches ML-Modell erstellen.

7.2 Einschränkungen und Geltungsbereich des ML-Modells

Dadurch, dass das entwickelte ML-Modell einen Prototyp darstellt, welcher rein auf synthetischen Daten basiert, gibt es einige Einschränkungen für die Nutzung des Modells und die Interpretation der Ergebnisse. Daher werden die Einschränkungen des Modells hier näher beleuchtet und anschließend ein Geltungsbereich definiert.

7.2.1 Einschränkungen

Das Untersuchungsgebiet dieser Arbeit ist ein sehr einfaches EZG. Es ist daher zu vermuten, dass die Ergebnisse **in komplexeren EZGs tendenziell schlechter** ausfallen werden. Ein weiterer Aspekt, der die Übertragbarkeit der Ergebnisse einschränkt, ist die Tatsache, dass mehr als die Hälfte der verwendeten Niederschlagsereignisse Modellregen des Euler Typ 2 sind. Diese Modellregen folgen immer demselben Verlauf und variieren lediglich in der Dauer und Niederschlagsintensität. Es wäre zu erwarten, dass bei der ausschließlichen Betrachtung aufgezeichneter Ereignisse andere, aber wahrscheinlich auch schlechtere Genauigkeiten die Folge sind.

Eine weitere Einschränkung dieser Arbeit liegt darin, dass sie **vollständig auf synthetischen Abflussdaten von Simulationen beruht**. Diese synthetischen Daten bieten sowohl Vor- als auch Nachteile. Ein Vorteil besteht in dem flexiblen Entwicklungsprozess, der es ermöglicht, verschiedene Randbedingungen einfach auszuprobieren und Datenbestände nach Bedarf zu erweitern. Dennoch lassen sich die Erkenntnisse dieser Arbeit nicht vollständig auf Versuche mit realen Messdaten übertragen. Es ist jedoch zu erwarten, dass auch mit realen Messdaten gute Ergebnisse erzielt werden können, was durch Erfolge in ähnlichen Arbeiten gestützt wird, wie z. B. von Sufi Karimi et al. (2019).

Zudem lagen für die Entwicklung **keine tatsächlichen Niederschlagsvorhersagen** vor, weshalb diese durch Messdaten ersetzt wurden. In einem echten Vorhersageszenario würde zusätzlich die Unsicherheit der Niederschlagsvorhersagen berücksichtigt werden müssen. Andererseits ermöglicht dies eine klare Trennung der Unsicherheit zwischen Abflussvorhersage und Niederschlagsvorhersage.

7.2.2 Geltungsbereich

Getestet wurde das Modell nur mit zwei verschiedenen Aufstellungen von Kanalnetzsystemen, weshalb nur bedingt Aussagen über den klaren Geltungsbereich möglich sind. Folgender grober Rahmen lässt sich jedoch setzen:

Simulationssoftware
Das ML-Modell ist derzeit nur auf Modelle anwendbar, die mit der Software SWMM erstellt wurden. Dies bedeutet, dass die Struktur und die spezifischen Datenanforderungen des SWMM-Modells erfüllt sein müssen, um das ML-Modell erfolgreich anwenden zu können.

Zielvariable
Das ML-Modell wurde entwickelt, um den Abfluss in einzelnen Schächten des Kanalnetzes vorherzusagen. Für das Training neuer ML-Modelle kann jedoch jeder beliebige Schacht im System angegeben werden, wodurch das Modell flexibel auf unterschiedliche Standorte innerhalb des Systems angewendet werden kann. Der Vorhersagezeitraum des Modells beträgt dabei 1 h.

Eingabevariablen

Für die Vorhersage des Abflusses können verschiedene Eingabevariablen verwendet werden, die im Modell berücksichtigt werden. Diese umfassen einen Eingabezeitraum von 2 h, wobei 1 h vergangene Eingabewerte darstellen und 1 h die vorhergesagten Eingabewerte.

- Ereignisdauer in min
- Niederschlagsintensität in mm/h
- Akkumulierter Niederschlag in mm
- Abflussmessungen in m^3/s (diese Variable dient nur als vergangene Eingabe)

Zeitliche Auflösung

Das Modell arbeitet aktuell mit einer zeitlichen Auflösung von 5 Minuten. Einstellbar sind bereits andere Intervallgrößen, jedoch kann darüber keine Aussage gefällt werden, da die Ergebnisse anderer zeitlicher Auflösungen noch nicht ausgewertet wurden.

7.3 Praktische Relevanz

Die vorliegenden Untersuchungen haben gezeigt, dass ML-basierte Abflussprognosen im Kanalnetz möglich sind. Offen bleibt jedoch die Frage nach der Praxistauglichkeit einer solchen Methodik. Zunächst ist festzuhalten, dass das derzeitige ML-Modell auf Basis synthetischer Daten nur eine begrenzte Aussagekraft besitzt. Dennoch wurden Potenziale aufgezeigt, die in zukünftigen ML-Modellen genutzt werden können.

Zu den Potenzialen gehören u. a. schnellere Vorhersagezeiten, die bei sehr komplexen Systemen von großer Bedeutung sein können. Auch gute Vorhersageergebnisse sind prinzipiell erreichbar, müssen aber noch in realen Anwendungsfällen erprobt werden. Stehen qualitativ hochwertige Abflussmessdaten in ausreichender Menge zur Verfügung, sind für die Erstellung eines ML-Modells keine Informationen über die zugrundeliegenden Prozesse oder Details des Kanalnetzes erforderlich. Auf die aufwändige Erstellung und Kalibrierung hydrodynamischer Modelle kann dann verzichtet werden. Fehlt diese Datengrundlage, können ML-Methoden entweder gar nicht oder nur über den Umweg hydrodynamischer Simulationsergebnisse eingesetzt werden.

Um den Einsatz von ML-gestützten Abflussprognosen in einen größeren Kontext zu stellen, werden im Folgenden Anwendungsfälle aufgeführt, die beschreiben, wie eine Anwendung des vorliegenden ML-Modells aussehen könnte.

Abflussvorhersagen als Eingabe für modellprädiktive Regelung

Ein naheliegender Anwendungsfall wäre es, ML-gestützte Abflussvorhersagen als Eingabedaten für eine modellprädiktive Regelung im Kanalnetz zu nutzen. Dies kann die Steuerung von Drosseln, Pumpen oder Wehren sein. Besonders vorteilhaft könnten dann ML-gestützte Abflussvorhersagen sein, wenn Messdaten vorliegen, um ein Modell anzutrainieren und kein zusätzliches Simulationsmodell erstellt oder kalibriert werden muss. Verbunden werden könnte dies mit Reinforcement Learning, um eine ML-basierte Reglung zu ermöglichen.

ML-Modell für Abflussvorhersagen als Randbedingung

In verschiedenen Simulationsarten ist es üblich, Randbedingungen festzulegen, um Bedingungen außerhalb der Modellgrenzen mitberücksichtigen zu können. Bei sehr komplexen Einzugsgebieten, welche mit herkömmlichen Simulationen hohe Berechnungszeiten benötigen, könnte ein trainiertes ML-Modell Gebietsteile übernehmen. Auch für Randbedingungen von hydrodynamischen 2D-Simulationen wären solche Abflussvorhersagen denkbar.

Übertragung auf andere Kanalnetzvariablen

Weitere Optionen bieten sich für die Übertragung der gesamten Methodik auf andere Kanalnetzvariablen. Anwendbar wäre die gesamte Methodik auf jegliche Variablen, die aus den Simulationsergebnissen von SWMM ausgelesen werden können. So ist es bereits jetzt möglich, mit geringfügigen Änderungen im Programmcode auch Modelle für Wasserstände, Fließgeschwindigkeiten, Überstauvolumen oder Ähnliches anzutrainieren. Dies würde wiederum andere Einsatzgebiete eröffnen.

Fazit und Ausblick 8

Der Klimawandel stellt die Wasserwirtschaft durch Extremwetterereignisse und ihre Folgen vor erhebliche Herausforderungen. KI und ML bieten ein Werkzeug, mit dem die Folgen solcher Extremwetterereignisse schneller und präziser vorhergesagt werden könnten. Erste Erfolge konnten bereits in verschiedenen wasserwirtschaftlichen Anwendungen nachgewiesen werden. Im Rahmen dieser Arbeit wird untersucht, inwiefern das Potenzial von ML-Modellen für die Vorhersage von Abflüssen in urbanen Kanalnetzen genutzt werden kann. Das Ziel ist es, ein ML-Modell zu entwickeln, mit dem anhand von Niederschlagsdaten möglichst genaue Abflussvorhersagen im Kanalnetz getroffen werden können.

Das ML-Modell wird mit der ML-Plattform TensorFlow entwickelt und in mehreren Schritten optimiert. Zunächst wird das Modell auf Basis von Abflüssen trainiert und validiert, die zuvor mit dem Simulationsprogramm SWMM generiert wurden. Als Eingabedaten für die Generierung der Abflussdaten in SWMM dienen die Niederschlagsdaten von aufgezeichneten Ereignissen sowie Modellregen. Mit dem trainierten und validierten ML-Modell werden schließlich Abflussvorhersagen an einem Schacht des betrachteten Kanalnetzes über einen Vorhersagehorizont von 1 h generiert. Im Laufe der Modellentwicklung wird in mehreren Schritten jeweils ein Parameter angepasst, mit dem Ziel, die Genauigkeit der Vorhersagen zu steigern. Um die Übertragbarkeit auf andere Kanalnetze zu testen, wird das finale ML-Modell zum Abschluss auf ein Kanalnetzsystem mit Regenklärbecken übertragen und ausgewertet.

Mit der finalen Modellvariante wird die durchschnittliche Maximalwertabweichung des Abflusses im Vergleich zum Ausgangsmodell von 9,4 % auf 4,6 % gesenkt. Wesentliche Verbesserungen werden durch die Anpassung der Modellarchitektur erzielt. Bei dem finalen Modell handelt es sich um ein tiefes neuronales Netz, basierend auf dem LSTM-Algorithmus. Die **Genauigkeit** des ML-Modells mit einer durchschnittlichen Maximalwertabweichung von 4,6 % lässt sich **nach**

© Der/die Autor(en), exklusiv lizenziert an Springer Fachmedien Wiesbaden   121
GmbH, ein Teil von Springer Nature 2026
F. Albers, *Machine Learning-gestützte Abflussvorhersagen in Abwassernetzen*,
Forschungsreihe der FH Münster, https://doi.org/10.1007/978-3-658-51214-9_8

DWA-M 165 bereits als „gut" bewerten. Bei Betrachtung der **Trainingszeit** hat diese zu keinem Zeitpunkt zu Einschränkungen in der Modellentwicklung geführt und beträgt für die finale und komplexeste Modellvariante **31 Minuten**.

Für die **Berechnungszeit** einer Vorhersage wurde eine Zeit von 0,06s ermittelt, was eine dreimal schnellere Vorhersage als mit dem SWMM-Modell darstellt. Die Berechnung vieler Vorhersagen hintereinander gleichzeitig erbrachte im Durchschnitt deutlich geringere Berechnungszeiten für eine Vorhersage und lässt vermuten, dass die Effizienzgewinne noch deutlich höher ausfallen, könnten bei komplexeren oder multiplen Vorhersagen. In diesem Anwendungsfall kämen jedoch sowohl SWMM-Modell als auch ML-Modell für Echtzeitvorhersagen infrage, da beide Modelle weniger als eine Sekunde für eine Vorhersage benötigten.

Die **Modellübertragung** auf ein komplexeres Kanalnetzsystem erweist sich mit einer **durchschnittlichen Maximalwertabweichung von 8,2 %** ebenfalls als erfolgreich. Diese ist nach DWA-M 165 ebenfalls als „gut" einzuordnen. Allerdings zeigte sich auch, dass das ML-Modell in diesem Anwendungsfall deutlich ungenauer wurde. Für die Übertragung des ML-Modells wird weniger als eine Stunde für das Training und die Auswertung des neuen Kanalnetzsystems benötigt. Dabei sind keinerlei Anpassungen von ML-relevanten Parametern erforderlich.

Eingeschränkt werden die Untersuchungen durch ihren synthetischen Charakter. So kann die Genauigkeit des ML-Modells nicht direkt mit der eines hydrodynamischen Modells verglichen werden, und die Ergebnisse sind **nur eingeschränkt auf reale Anwendungen übertragbar**. Zudem umfasst das ML-Modell **noch keine Niederschlagsvorhersagen**, sodass Unsicherheiten durch meteorologische Vorhersagen noch nicht berücksichtigt werden.

Trotz der Einschränkungen lassen sich dennoch Tendenzen und Potenziale erkennen. Zum einen wird mit den Ergebnissen dieser Arbeit die Machbarkeit solcher ML-gestützten Abflussvorhersagen gezeigt. In beiden erstellten Anwendungsfällen werden gute Genauigkeiten erzielt und es kann ein deutliches Beschleunigungspotenzial für die Berechnung solcher Vorhersagen festgestellt werden. Auch die Übertragung des ML-Modells auf andere Kanalnetze erweist sich als machbar und schnell.

Der praktische Einsatz von ML-Modellen in wasserwirtschaftlichen Anwendungen muss sich noch zeigen. Denkbar ist der Einsatz für verschiedene Anwendungen, in denen Abflussvorhersagen relevant sind. So könnten diese Modelle beispielsweise für modellprädiktive Regelungen im Kanalnetz eingesetzt werden, um mit genauen Vorhersagen Stauraum besser auszunutzen und so

Abflussspitzen zu verringern. Auch die Nutzung für Randbedingungen anderer Modelle wie z. B. der 2D-Modellierung wäre eine Option.

Mit deutlich mehr Mitteln, Daten und Zeit ist es wahrscheinlich, dass in Zukunft Systeme mit mehr Funktionen und Schnittstellen entwickelt werden, die es ermöglichen, die Abflussvorhersage in größeren Systemen und Modellen einzubinden und effektiv zu nutzen. Um die Vorteile für reale Anwendungen zu demonstrieren, sollte zukünftige Forschung in der Abflussvorhersage mit ML-Modellen arbeiten, die auf Abflussmessdaten basieren. Dies wird zwar durch geringere Datenverfügbarkeit und Datenqualität erschwert, jedoch lässt es bessere Rückschlüsse auf die Genauigkeit im Vergleich zu hydrodynamischen Modellen zu.

Obwohl die Erstellung eines solchen ML-Systems ohne tiefgreifende Fachkenntnisse in dieser Arbeit gezeigt wurde, ist eine stärkere Zusammenarbeit mit Fachleuten der Informatik und Data Science empfehlenswert, um Datenstrukturen und ML-Methoden effektiver zu nutzen. Zukünftige Forschung sollte nicht nur die technische Entwicklung und Optimierung der Modelle, sondern auch deren praktische Anwendung und die interdisziplinäre Zusammenarbeit fördern. Nur so kann das volle Potenzial von ML und KI in der Wasserwirtschaft ausgeschöpft werden.

Literaturverzeichnis

Abadi, M., Agarwal, A., Barham, P., Brevdo, E., Chen, Z., Citro, C., Corrado, G.S., Davis, A., Dean, J., Devin, M., Ghemawat, S., Goodfellow, I., Harp, A., Irving, G., Isard, M., Jia, Y., Jozefowicz, R., Kaiser, L., Kudlur, M., Levenberg, J., Mané, D., Monga, R., Moore, S., Murray, D., Olah, C., Schuster, M., Shlens, J., Steiner, B., Sutskever, I., Talwar, K., Tucker, P., Vanhoucke, V., Vasudevan, V., Viégas, F., Vinyals, O., Warden, P., Wattenberg, M., Wicke, M., Yu, Y., Zheng, X. (2015): *„TensorFlow: Large-Scale Machine Learning on Heterogeneous Systems“*.

bdew, DVGW, DWA, VKU (2023): *„Positionspapier „Klimawandel und Klimaschutz – Lösungen und Handlungsoptionen aus Sicht der Wasserwirtschaft““*.

Bishop, C.M., Department of Computer Science and Applied Mathematics – Aston University (Hrsg.) (1995): *Neural Networks for Pattern Recognition*. Oxford: Clarendon Press.

Bruen, M., Yang, J. (2006): *„Combined Hydraulic and Black-Box Models for Flood Forecasting in Urban Drainage Systems“*. In: *Journal of Hydrologic Engineering*. 11 (6), S. 589–596, https://doi.org/10.1061/(ASCE)1084-0699(2006)11:6(589).

Buntemeyer, L. (2022): *„py-kostra: v0.3.0“*. Zenodo https://doi.org/10.5281/ZENODO.6249579.

Burrichter, B., Hofmann, J., Koltermann Da Silva, J., Niemann, A., Quirmbach, M. (2023): *„A Spatiotemporal Deep Learning Approach for Urban Pluvial Flood Forecasting with Multi-Source Data“*. In: *Water*. 15 (9), S. 1760, https://doi.org/10.3390/w15091760.

Burrichter, B., Koltermann Da Silva, J., Niemann, A., Quirmbach, M. (2024): *„A Temporal Fusion Transformer Model to Forecast Overflow from Sewer Manholes during Pluvial Flash Flood Events“*. In: *Hydrology*. 11 (3), S. 41, https://doi.org/10.3390/hydrology11030041.

Butler, D., Digman, C., Makropoulos, C., Davies, J.W. (2018): *Urban drainage: fourth edition*. Fourth edition. Boca Raton London New York: CRC Press, Taylor & Francis Group.

Cerulli, G. (2023): *Fundamentals of Supervised Machine Learning: With Applications in Python, R, and Stata*. Cham: Springer International Publishing (Statistics and Computing), https://doi.org/10.1007/978-3-031-41337-7.

© Der/die Herausgeber bzw. der/die Autor(en), exklusiv lizenziert an Springer Fachmedien Wiesbaden GmbH, ein Teil von Springer Nature 2026
F. Albers, *Machine Learning-gestützte Abflussvorhersagen in Abwassernetzen*, Forschungsreihe der FH Münster, https://doi.org/10.1007/978-3-658-51214-9

Chen, J., Ganigué, R., Liu, Y., Yuan, Z. (2014): „*Real-Time Multistep Prediction of Sewer Flow for Online Chemical Dosing Control*". In: *Journal of Environmental Engineering*. 140 (11), S. 04014037, https://doi.org/10.1061/(ASCE)EE.1943-7870.0000860.

Chollet, F. et al. (2015): „*Keras*". Abgerufen 05.05.2024 von https://keras.io/.

Ciampiconi, L., Elwood, A., Leonardi, M., Mohamed, A., Rozza, A. (2023): „*A survey and taxonomy of loss functions in machine learning*". arXiv.

DWA (Hrsg.) (2020): „*Digitalisierung in der Wasserwirtschaft*". Deutsche Vereinigung für Wasserwirtschaft, Abwasser und Abfall e. V. (DWA).

DWA (Hrsg.) (2021): *DWA-Positionen: Wasserbewusste Entwicklung unserer Städte*. Hennef: Deutsche Vereinigung für Wasserwirtschaft, Abwasser und Abfall e. V. (DWA) (DWA-Positionen).

DWA-A 100 (Hrsg.) (2006): *DWA-Regelwerk: Leitlinien der integralen Siedlungsentwässerung (ISiE)*. [Stand] Dezember 2006. Hennef: Deutsche Vereinigung für Wasserwirtschaft, Abwasser und Abfall e. V. (DWA).

DWA-A 102-2/ BWK-A 3-2 (2020): *DWA-Regelwerk: Grundsätze zur Bewirtschaftung und Behandlung von Regenwetterabflüssen zur Einleitung in Oberflächengewässer – Teil 2: Emissionsbezogene Bewertungen und Regelungen*. Hennef: Deutsche Vereinigung für Wasserwirtschaft, Abwasser und Abfall e. V. (DWA).

DWA-A 118 (2024): *DWA-Regelwerk: Bewertung der hydraulischen Leistungsfähigkeit von Entwässerungssystemen*. Hennef: Deutsche Vereinigung für Wasserwirtschaft, Abwasser und Abfall e. V. (DWA).

DWA-A 166 (2013): *DWA-Regelwerk: Bauwerke der zentralen Regenwasserbehandlung und -rückhaltung – Konstruktive Gestaltung und Ausrüstung*. Hennef: Deutsche Vereinigung für Wasserwirtschaft, Abwasser und Abfall e. V. (DWA).

DWA-M 165 (2021): *DWA-Regewerk: Niederschlag-Abfluss- und Schmutzfrachtmodelle in der Siedlungsentwässerung – Teil 1: Anforderungen*. Hennef: Deutsche Vereinigung für Wasserwirtschaft, Abwasser und Abfall e. V. (DWA).

DWD (2023): „*KOSTRA-DWD-2020*". Abgerufen 24.05.2024 von https://www.dwd.de/DE/leistungen/kostra_dwd_rasterwerte/kostra_dwd_rasterwerte.html.

DWD (2024): „*Wetter und Klima – Deutscher Wetterdienst – CDC (Climate Data Center)*". *Deutscher Wetterdienst (DWD)*. Abgerufen 25.05.2024 von https://www.dwd.de/DE/klimaumwelt/cdc/cdc_node.html.

El-Din, A.G., Smith, D.W. (2002): „*A neural network model to predict the wastewater inflow incorporating rainfall events*". In: *Water Research*. 36 (5), S. 1115–1126, https://doi.org/10.1016/S0043-1354(01)00287-1.

Esri (2024): „*Desktop GIS Software | Mapping Analytics | ArcGIS Pro*". Abgerufen 06.06.2024 von https://www.esri.com/en-us/arcgis/products/arcgis-pro/overview.

Frauenhofer IKS (2024): „*Künstliche Intelligenz (KI) und maschinelles Lernen – Fraunhofer IKS*". Abgerufen 11.03.2024 von https://www.iks.fraunhofer.de/de/themen/kuenstliche-intelligenz.html.

Geologischer Dienst NRW (2023): „*Bodenkarte von Nordrhein-Westfalen 1 : 50 000 – BK50*". Abgerufen 24.05.2024 von GEOportal.NRW.

Goodfellow, I., Bengio, Y., Courvill, A. (2018): *Deep Learning – Das umfassende handbuch*. 1. Aufl. mitp Verlags GmbH & Co. KG.

Graves, A., Mohamed, A., Hinton, G. (2013): „*Speech Recognition with Deep Recurrent Neural Networks*". arXiv.

Grossman, D., Doyle, M., Buckley, N. (2015): *Data Intelligence in 21st Century Water Management*. Washington, DC, USA: The Aspen Institute.

Gutzmann, B. (2024): „*Wetterdienst – Open weather data for humans*". Abgerufen 23.05.2024 von https://pypi.org/project/wetterdienst/.

Harris, C.R., Millman, K.J., van der Walt, S.J., Gommers, R., Virtanen, P., Cournapeau, D., Wieser, E., Taylor, J., Berg, S., Smith, N.J., Kern, R., Picus, M., Hoyer, S., van Kerkwijk, M.H., Brett, M., Haldane, A., del Río, J.F., Wiebe, M., Peterson, P., Gérard-Marchant, P., Sheppard, K., Reddy, T., Weckesser, W., Abbasi, H., Gohlke, C., Oliphant, T.E. (2020): „*Array programming with NumPy*". In: *Nature*. 585 (7825), S. 357–362, https://doi.org/10.1038/s41586-020-2649-2.

HEC (2000): *HEC-HMS Hydrologic Modeling System, Technical Reference Manual*. Davis, Californien: U.S. Army Corps of Engineers, Hydrologic Engineering Center.

Henrichs, M. (2015): „*Einfluss von Unsicherheiten auf die Kalibrierung urbanhydrologischer Modelle („Influence of uncertainties on the calibration of urban hydrological models")*". (Dissertation (in German)) Dresden: Technische Universität Dresden.

Hochreiter, S., Schmidhuber, J. (1997): „*Long Short-Term Memory*". In: *Neural Computation*. 9 (8), S. 1735–1780, https://doi.org/10.1162/neco.1997.9.8.1735.

Hydrotec (2015): „*NASIM – Software für N-A-Modellierung*". Abgerufen 26.02.2024 von https://www.hydrotec.de/software/nasim/?cookie-state-change=1708940424711.

IBM (2024a): „*Was ist maschinelles Lernen?*". Abgerufen 11.03.2024 von https://www.ibm.com/de-de/topics/machine-learning.

IBM (2024b): „*What is a Neural Network? | IBM*". Abgerufen 31.03.2024 von https://www.ibm.com/topics/neural-networks.

IPCC, Pörtner, H.-O., Roberts, D.C., Tignor, M.M.B., et al. (Hrsg.) (2022): *Climate Change 2022: Impacts, Adaptation and Vulnerability. Working Group II Contribution to the Sixth Assessment Report of the Intergovernmental Panel on Climate Change*. Cambridge, UK and New York, NY, USA: Cambridge University Press.

James, G., Witten, D., Hastie, T., Tibshirani, R. (2013): *An Introduction to Statistical Learning*. New York, NY: Springer New York (Springer Texts in Statistics), https://doi.org/10.1007/978-1-4614-7138-7.

Kaelbling, L. pack, Littman, M.L., Moore, A.W. (1996): „*Reinforcement Learning: A Survey*". In: *Journal of Articial Intelligence Research*. (4), S. 237–285.

Kingma, D.P., Ba, J. (2017): „*Adam: A Method for Stochastic Optimization*". arXiv.

Kluyver, T., Ragan-Kelley, B., Pérez, F., Bussonnier, M., Frederic, J., Hamrick, J., Grout, J., Corlay, S., Ivanov, P., Abdalla, S., Willing, C. (2016): „*Jupyter Notebooks – a publishing format for reproducible computational workflows*". In: https://doi.org/10.3233/978-1-61499-649-1-87.

Kochkov, D., Smith, J.A., Alieva, A., Wang, Q., Brenner, M.P., Hoyer, S. (2021): „*Machine learning–accelerated computational fluid dynamics*". In: *Proceedings of the National Academy of Sciences*. 118 (21), S. e2101784118, https://doi.org/10.1073/pnas.2101784118.

Kratzert, F., Klotz, D., Brenner, C., Schulz, K., Herrnegger, M. (2018): „*Rainfall–runoff modelling using Long Short-Term Memory (LSTM) networks*". In: *Hydrology and Earth System Sciences*. 22 (11), S. 6005–6022, https://doi.org/10.5194/hess-22-6005-2018, Lizenz: CC BY 4.0.

Kumar, S.S. (2018): „*Automated defect classification in sewer closed circuit television inspections using deep convolutional neural networks*". In: *Automation in Construction*. https://doi.org/10.1016/j.autcon.2018.03.028.

Kwon, S.H., Kim, J.H. (2021): „*Machine Learning and Urban Drainage Systems: State-of-the-Art Review*". In: *Water*. 13 (24), S. 3545, https://doi.org/10.3390/w13243545.

Leutnant, D. (2020): „*fever*". Abgerufen 24.05.2024 von https://github.com/dleutnant/fever.

Makridakis, S. (1993): „*Accuracy measures: theoretical and practical concerns*". In: *International Journal of Forecasting*. (9), S. 527–529.

Markus Pichler (2022): „*eHYD Tools: Reading and analyzing hydro(geo)logic time series from the Austrian government's „ehyd.gv.at" platform*.".

Matzka, S. (2021): *Künstliche Intelligenz in den Ingenieurwissenschaften: Maschinelles Lernen verstehen und bewerten*. Wiesbaden: Springer Fachmedien Wiesbaden https://doi.org/10.1007/978-3-658-34641-6.

McDonnell, B., Ratliff, K., Tryby, M., Wu, J., Mullapudi, A. (2020): „*PySWMM: The Python Interface to Stormwater Management Model (SWMM)*". In: *Journal of Open Source Software*. 5 (52), S. 2292, https://doi.org/10.21105/joss.02292.

Mohri, M., Rostamizadeh, A., Talwalkar, A. (2018): *Foundations of Machine Learning*. 2. Aufl. Cambridge, Massachusetts: The MIT Press.

OpenAI (2021): „*DALL·E: Creating images from text*". Abgerufen 12.03.2024 von https://openai.com/research/dall-e.

OpenAI (2022): „*Introducing ChatGPT*". Abgerufen 20.02.2024 von https://openai.com/blog/chatgpt.

Palmitessa, R., Grum, M., Engsig-Karup, A.P., Löwe, R. (2022): „*Accelerating hydrodynamic simulations of urban drainage systems with physics-guided machine learning*". In: *Water Research*. 223, S. 118972, https://doi.org/10.1016/j.watres.2022.118972.

Pedregosa, F., Varoquaux, G., Gramfort, A., Michel, V., Thirion, B., Grisel, O., Blondel, M., Prettenhofer, P., Weiss, R., Dubourg, V., Vanderplas, J., Passos, A., Cournapeau, D., Brucher, M., Perrot, M., Duchesnay, É. (2011): „*Scikit-learn: Machine Learning in Python*". In: *Journal of Machine Learning Research*. 12 (85), S. 2825–2830.

Pitts, W., McCulloch, W. (1943): „*A logical calculus of the ideas immanent in nervous activity*". In: *Bulletin of Mathematical Biophysics*. 5.

Rossman, L.A., EPA U.S. Environmental Protection Agency (Hrsg.) (2015): *Storm Water Management Model User's Manual Version 5.1*. Cincinnati, Ohio.

Samuel, A.L. (1959): „*Some Studies in Machine Learning Using the Game of Checkers*". IBM.

Sarker, I.H. (2021a): „*Deep Learning: A Comprehensive Overview on Techniques, Taxonomy, Applications and Research Directions*". In: *SN Computer Science*. 2 (6), S. 420, https://doi.org/10.1007/s42979-021-00815-1.

Sarker, I.H. (2021b): „*Machine Learning: Algorithms, Real-World Applications and Research Directions*". In: *SN Computer Science*. 2 (3), S. 160, https://doi.org/10.1007/s42979-021-00592-x.

Sit, M., Demiray, B.Z., Xiang, Z., Ewing, G.J., Sermet, Y., Demir, I. (2020): „*A comprehensive review of deep learning applications in hydrology and water resources*". In: *Water Science and Technology*. 82 (12), S. 2635–2670, https://doi.org/10.2166/wst.2020.369.

SITNBoston (2017): „*The History of Artificial Intelligence*". *Science in the News*. Abgerufen 12.03.2024 von https://sitn.hms.harvard.edu/flash/2017/history-artificial-intelligence/.

Stadt Münster (2024): „*Kanalnetzmodell der Stadt Münster*".

Sufi Karimi, H., Natarajan, B., Ramsey, C.L., Henson, J., Tedder, J.L., Kemper, E. (2019): „*Comparison of learning-based wastewater flow prediction methodologies for smart sewer management*". In: *Journal of Hydrology*. 577, S. 123977, https://doi.org/10.1016/j.jhydrol.2019.123977.

Tessanet (2023): „*TessaDEM • Near-global 30-meter Digital Elevation Model (DEM)*". Abgerufen 24.05.2024 von https://tessadem.com/.

US EPA, O. (2014): „*Storm Water Management Model (SWMM)*". Abgerufen 29.02.2024 von https://www.epa.gov/water-research/storm-water-management-model-swmm.

Van Rossum, G., Drake Jr, F.L. (1995): *Python reference manual*. Centrum voor Wiskunde en Informatica Amsterdam.

Wang, C., Tavakoli, A., Goodall, J., Bowes, B., Adams, S., Beling, P. (2020): „*Smart Stormwater Control Systems: A Reinforcement Learning Approach*".

MIX
Papier aus verantwortungsvollen Quellen
Paper from responsible sources
FSC® C105338

If you have any concerns about our products,
you can contact us on
ProductSafety@springernature.com

In case Publisher is established outside the EU,
the EU authorized representative is:
**Springer Nature Customer Service Center GmbH
Europaplatz 3, 69115 Heidelberg, Germany**

Printed by Libri Plureos GmbH
in Hamburg, Germany